北京节水在行动

北京市节水用水管理事务中心　主编

·北京·

内 容 提 要

本书在介绍北京市水资源基本情况的基础上,详细介绍了《北京市节水条例》的要点、北京市水资源保护的方法,列举了丰富的节水知识,提高了内容的趣味性,对社会公众了解北京水资源情况提供了参考。

本书主要介绍了北京市取水、供水、用水、排水及非常规水源利用全过程节水及其监督管理活动的相关知识。全书共有九章内容,分别为《北京市实施〈中华人民共和国水法〉办法》、《北京市节水行动实施方案》、《北京市节水条例》、北京市水资源保护、北京节水:工业篇、北京节水:农业篇、北京节水:生活篇、节水宣传在行动、水知识问答。

本书可作为了解北京节水知识的窗口,也可作为节水活动的宣传用书。

图书在版编目(CIP)数据

北京节水在行动 / 北京市节水用水管理事务中心主编. -- 北京:中国水利水电出版社,2023.8
ISBN 978-7-5226-1599-8

Ⅰ. ①北… Ⅱ. ①北… Ⅲ. ①节约用水-研究-北京 Ⅳ. ①TU991.64

中国国家版本馆CIP数据核字(2023)第119321号

书　　名	北京节水在行动 BEIJING JIESHUI ZAI XINGDONG
作　　者	北京市节水用水管理事务中心　主编
出版发行	中国水利水电出版社 (北京市海淀区玉渊潭南路1号D座　100038) 网址:www.waterpub.com.cn E-mail:sales@mwr.gov.cn 电话:(010) 68545888(营销中心)
经　　售	北京科水图书销售有限公司 电话:(010) 68545874、63202643 全国各地新华书店和相关出版物销售网点
排　　版	中国水利水电出版社微机排版中心
印　　刷	清淞永业(天津)印刷有限公司
规　　格	145mm×210mm　32开本　6.625印张　77千字
版　　次	2023年8月第1版　2023年8月第1次印刷
印　　数	0001—1000册
定　　价	48.00元

凡购买我社图书,如有缺页、倒页、脱页的,本社营销中心负责调换

版权所有·侵权必究

编写委员会

主　编　刘建国　赵冬梅

副主编　陈　征　刘子怡　舒静雯

参　编　赵　昕　张绍洁　韩文彬

前言

水是生命之源、生产之要、生态之基，是经济社会可持续发展的基础。2014年3月，习近平总书记从国家战略安全的高度提出"节水优先、空间均衡、系统治理、两手发力"的治水思路；2021年5月，在推进南水北调后续工程高质量发展座谈会上再次强调"要坚持节水优先，把节水作为受水区的根本出路"。党的二十大报告强调，"实施全面节约战略，推进各类资源节约集约利用"。

2022年11月25日，北京市第十五届人民代表大会常务委员会第四十五次会议审议通过《北京市节水条例》（以下简称《条例》）。《条例》分总则、规划与建设管控、全过程节水、保障与监督管理、法律责任、附则共6章71条，自2023年3月1日起施行。《北京市节水条例》是全面贯彻落实习近平总书记关于节水治水的重要论述、中央对节水工作的重大决策部署，是当前和今后一个时期北京市节水工作的重要法规，为节水工作提供了法律支撑和保障，全面擘画了北京节水工作新篇章，开启了节水工作新征程。

我们希望通过此书呼吁社会公众对北京市水资源现状有所了解，通过对《北京市节水条例》与北京市水资源保护举措的学习，在今后的生活中珍惜水，更好地利用水，实现人与水的和谐共生，让节约用水成为国家行动、全民意志和社会风尚。

本书主要介绍了北京市取水、供水、用水、排水及非常规水源利用全过程节水及其监督管理活动的相关知识。在编写过程中，参考了已经出版的相关专业书籍，从中汲取了他们的编写经验，再次表示感谢。

限于编者水平，若本书存在不当之处，恳请读者批评指正。

编者

2023 年 3 月

目录

前言

第一章 《北京市实施〈中华人民共和国水法〉办法》 …………… 1

 第一节 《北京市实施〈中华人民共和国水法〉办法》修改内容 ……… 2

第二章 《北京市节水行动实施方案》 …… 9

 第一节 《北京市节水行动实施方案》解读 …………… 11

 第二节 《北京市节水行动实施方案》主要内容 …………… 15

第三章 《北京市节水条例》 …………… 29

 第一节 《北京市节水条例》解读 …… 30

 第二节 《北京市节水条例》要点 …… 37

第四章　北京市水资源保护 ………… 45

第一节　推动节水综合立法和执法 …… 50

第二节　加强地下水源地保护 ………… 55

第三节　创新节水市场机制 …………… 58

第四节　加强节水载体创建 …………… 61

第五章　北京节水：工业篇 …………… 65

第一节　加强标准引领 ………………… 67

第二节　做好政策支撑 ………………… 69

第三节　节水先进典型 ………………… 71

第四节　专栏：工业节水技术知

多少 …………………………… 77

第六章　北京节水：农业篇 …………… 79

第一节　全面完成农业水价综合

改革 …………………………… 81

第二节　建设高效节水灌溉设施 ……… 87

第三节　专栏：农业节水灌溉技术

科普 …………………………… 91

第七章 北京节水：生活篇 ········· 95
第一节 积极推广节水型器具 ······· 97
第二节 专栏：生活节水窍门 ········ 99

第八章 节水宣传在行动 ············ 107
第一节 培育节水文化 ············ 109
第二节 专栏：北京节水展馆 ········ 113

第九章 水知识问答 ··············· 115
第一节 地球上究竟有多少水资源 ······ 116
第二节 你知道"世界水日""中国水周"吗 ···················· 118
第三节 水效标识 ················ 121
第四节 我们生活用水量是多少 ······ 123

参考文献 ······················ 125

附件一 北京市实施《中华人民共和国水法》办法 ··············· 127

附件二 北京市节水行动实施方案 ····· 145

附件三 北京市节水条例 ············ 167

第一章

《北京市实施〈中华人民共和国水法〉办法》

第一节

《北京市实施〈中华人民共和国水法〉办法》修改内容

北京市人民代表大会常务委员会关于修改《北京市实施〈中华人民共和国水法〉办法》的决定

(2022年11月25日北京市第十五届人民代表大会常务委员会第四十五次会议通过)

北京市人民代表大会常务委员会公告

〔十五届〕第91号

《北京市人民代表大会常务委员会关于修改〈北京市实施中华人民共和国水法办法〉的决定》已由北京市第十五届人民代表大会常务委员会第四十五次会议于2022年

11月25日通过,现予公布,自2023年3月1日起施行。

北京市人民代表大会常务委员会
2022年11月25日

北京市第十五届人民代表大会常务委员会第四十五次会议决定对《北京市实施〈中华人民共和国水法〉办法》作如下修改：

一、将第三条修改为："根据节约水资源、促进首都高质量发展的要求，北京城市总体规划、国民经济和社会发展规划和计划应当与水资源条件相适应，实现经济、社会、人口、资源、环境的协调、可持续发展。"

二、将第五条修改为："各级人民政府应当将水资源开发、利用、节约、保护和管理工作纳入国民经济和社会发展规划和计划，增加资金投入，建立长期稳定的投入机制。"

三、将第七条修改为："本市充分发挥水价调节作用，促进节约用水，提高水资源利用效率。"

四、将第九条第三款修改为："市水务部门对备案的区区域综合规划进行审查，不符合全市区域综合规划的，送区人民政府依法修改。"

五、将第十四条修改为:"本市采取有效措施,对建设耗水量大的工业和服务业项目加以限制。"

六、将第二十三条第一款修改为:"城镇地区和人口集中的农村地区应当规划建设污水集中处理设施和再生水输配水管线。"

七、将第二十六条修改为:"鼓励使用再生水;使用再生水的,按照国家和本市有关规定享受优惠政策。"

八、将第三十二条修改为:"生态环境部门应当会同水务部门按照水功能区对水质的要求和水体的自然净化能力,核定水域的纳污能力,提出该水域的限制排污总量意见。"

九、将第三十三条第一款修改为:"水务部门和生态环境部门应当做好河流、湖泊、水库、渠道的水量水质监测,发现重点污染物排放总量超过控制指标或者水功能区水质未达到水域使用功能对水质的要求的，应当及时报请有关人民政府采取治理措施。"

十、将第三十八条修改为："市水务部门应当会同发展改革部门，根据全市水资源利用总量控制指标、经济技术条件等，制定年度生产生活用水计划及水资源配置方案，对全市的年度用水实行总量控制。"

十一、将第三十九条修改为："本市对纳入取水许可管理的单位和用水量较大的非居民用水户用水实行计划用水管理和定额管理相结合的制度。"

十二、删去第六章。

十三、删去第七章中的第五十六条第四项、第六十一条、第六十二条、第六十三条、第六十四条、第六十五条。

此外，将有关条款中的"水行政主管部门"修改为"水务部门"，并对章节条款顺序、个别文字作相应调整和修改。

本决定自 2023 年 3 月 1 日起施行。

《北京市实施〈中华人民共和国水法〉办法》根据本决定作相应修改,重新公布。❶

---

❶ 《北京市实施〈中华人民共和国水法〉办法》全文详见附件一。

第二章

《北京市节水行动实施方案》

为大力推动全社会节水，全面提升水资源利用效率，形成节水型生产生活方式，保障首都水安全，促进高质量发展，根据《国家节水行动方案》及其相关分工方案，北京市印发《北京市节水行动实施方案》（以下简称《方案》，详见附件二）。《方案》从农业、公共服务、绿化、工业、建筑、教育等方面开展重点节水行动，是北京市节水工作部署的主要依据。让我们一起来学习其中的主要内容。

第一节

《北京市节水行动实施方案》解读

根据《方案》，北京市落实最严格水资源管理制度考核，园林绿化用水将逐步退出自来水及地下水灌溉，景观用水应当使用再生水或者雨水。

《方案》有以下几个重点：

1. 用水量超标单位将被约谈

根据实施方案，本市将严控水资源开发利用强度，严格实施规划和建设项目水影响评价、取水许可等制度。科学制订全市年度用水计划，并逐级分解下达到区、乡镇（街道）、村庄（社区）。逐步建立节水目标责任制，将用水计划和用水效率的主要指标纳入经济社会发展综合评价体系，落实最严格水资源管理制度考核。建立用水分析制度，每半年对用水量增长较大或超出用水计划的行业主管部门、乡镇（街道）、用水单位，进行通报或约谈。

目前，本市16个区已全部完成节水型区创建，在此基础上，本市将建立"一年一评估、三年一复验"的动态管理机制，科学优化节水型区建设指标，抓好节水型区复验监管工作。另外，本市还将加强节水型村庄（社区）和节水型单位创建，加快生活供水设施及配套管网建设、改造，结合农村"厕所革命"和老旧小区改造，推广使用节水器具，推动用水计量收费。

2. 园林绿化将加大非常规水利用

园林绿化中需要大量灌溉用水。本市将加强对公共绿地、园地、林地、湿地等园林绿化的基础信息调查，建立园林绿化详细名录，将用水计划指标落实到管理单位，配套完善用水计量设施，加快实现用水"全计量""全收费"，严控用水计划。园林绿化选用耐旱、节水、环境适应能力强的树木、花草品种，因地制宜建设微灌、喷灌等高效节水灌溉设施。加大再生水、雨洪水、河湖水利用的推广力度，加强集雨型绿地建设，研究利用绿地、林地等地下空间建设雨水、再生水灌溉储水池的可行性，园林绿化用水逐步退出自来水及地下水灌溉。

根据实施方案，本市将加强再生水、雨水等非常规水的安全利用，因地制宜完善再生水管网及加水站点、雨水集蓄利用等基础设施。住宅小区、单位内部的景观环境用水和其他市政非生活用水，应当使用再生水或者雨水，不得使用自来水。

3.新水用量控制在40亿立方米以内

根据实施方案，到2035年，本市节水型

生产和生活方式基本建成,构建完善的水价激励和约束机制,建立良性自我运行的节水内生动力机制,节水护水惜水成为全社会自觉行动,全市新水用量控制在40亿立方米以内,主要节水指标达到国际领先水平,形成水资源利用与发展规模、产业结构和空间布局等相适应的现代化新格局。

第二节

《北京市节水行动实施方案》主要内容

一、总体要求

（一）指导思想

深入贯彻落实习近平生态文明思想和习近平总书记对北京重要讲话精神，坚持节水优先方针，按照"以水定城、以水定地、以水定人、以水定产"的城市发展原则，认真落实《北京城市总体规划（2016年—2035年）》。

（二）基本原则

加强领导，社会共治；行业约束，科技支撑；政策引导，两手发力。

二、工作目标

到2035年，节水型生产和生活方式基本建成，构建完善的水价激励和约束机制，建立良性自我运行的节水内生动力机制，节水护水惜水成为全社会自觉行动，全市新水用量控制在40亿立方米以内，主要节水指标达到国际领先水平，形成水资源利用与发展规模、产业结构和空间布局等相适应的现代化新格局。

三、重点行动

（一）总量强度双控

（1）强化指标刚性约束。健全分区域、分行业的用水总量、用水强度控制指标体系，明确节水主体责任，强化用水管理。

（2）严格用水全过程管理。严控水资源开发利用强度，严格实施规划和建设项目水影响评价、节水"三同时"、取水许可等制度。

（3）强化节水监督考核。逐步建立节水目标责任制，将用水计划和用水效率的主要指标纳入经济社会发展综合评价体系，落实最严格水资源管理制度考核。

（二）农业节水增效

（4）大力推进节水灌溉。按照"细定地、严管井、上设施、增农艺、统收费、节有奖"原则，继续发展"两田一园"高效节水灌溉。

（5）优化调整作物种植结构。积极组织耐旱、节水、优质、高效作物品种选育和示范推广，因地制宜发展旱作雨养农业和实施休耕轮作。探索农艺节水措施，推广水肥一体化、农机深松、高效智能灌溉等节水技术，示范带动农业节水技术水平。

（6）推广畜牧渔业节水方式。实施规模养殖场节水改造，推行先进适用的节水型畜禽养殖方式，推广节水型饲喂设备、机械干清粪等技术和工艺、渔业应用池塘工程化循环水等养殖技术。

（三）公共服务降损

（7）提升公共服务领域用水效率。推动公共服务机构开展水平衡测试等节水诊断，推广应用节水新技术、新工艺和新产品。

（8）进一步降低供水管网漏损。继续实施供水管网更新改造工程，全面推广供水管网独立分区计量（DMA）、用水户分用途计量管理，完善供水管网检漏制度，健全精细化管理平台和漏损管控体系，有效降低管网漏损。

（9）严控高耗水服务业用水。加强对洗浴、洗车、高尔夫球场、滑雪场、洗涤等行业用水的监管力度，从严控制用水计划。

（四）绿化节水限额

（10）推进园林绿化精细化用水管理。加

强对公共绿地、园地、林地、湿地等园林绿化的基础信息调查，建立园林绿化详细名录，将用水计划指标落实到管理单位，配套完善用水计量设施，加快实现用水"全计量""全收费"，严控用水计划。

（11）加大园林绿化非常规水利用。加大再生水、雨洪水、河湖水利用的推广力度，加强集雨型绿地建设，园林绿化用水逐步退出自来水及地下水灌溉。

（五）工业节水减排

（12）优化调整产业结构。严格执行《北京市新增产业禁止和限制目录》，持续开展疏解整治促提升专项行动，推进退出一般性制造产业。

（13）大力推进工业节水改造。完善取供用水计量体系和在线监测系统。推广高效冷却、洗涤、循环用水、废污水再生利用、高耗水生产工艺替代等节水工艺和技术。

（14）积极推行水循环梯级利用。推进现有企业和园区开展以节水为重点内容的绿色高质量转型升级和循环化改造，加快节水及水循环利用设施建设，推动企业间的用水系统优化集成。加快推动"三城一区"节水标杆园区创建。

（六）建筑节水控量

（15）加强施工现场用水管理。施工单位应充分考虑非常规水利用，制定工程节水和水资源利用措施。建立住房城乡建设、水务部门联合执法检查机制，发现施工现场存在水资源浪费行为，依法处罚并督促施工单位进行整改。

（16）严格限制施工降水。积极采取帷幕隔水等新技术、新工艺，限制建筑工程施工降水，确需降水的应编制施工降水方案、地下水回补及利用方案，经专家论证通过并取得排水许可后方可实施，降水阶段排出的地下水应按规定交纳水资源税。

（七）教育节水引导

（17）强化校园节水文化培育。坚持教育先行，学校要将节水纳入幼儿园及大中小学教育范畴，加强市情水情教育，普及节水知识，开展节水宣传，引领带动家庭及全社会节约用水。鼓励建立节水社团，推选"节水大使"，开展暑期节水社会实践等活动。

（18）创新高校综合节水模式。充分发挥高校技术人才优势，积极开展节水设计、改造、计量和咨询等创新活动，推广合同节水新模式，有效提升学校节水水平，并对全社会节水发挥引领带动作用。

（八）非常规水挖潜

（19）提升再生水及雨水利用水平。加强再生水、雨水等非常规水的多元、梯级和安全利用，因地制宜完善再生水管网及加水站点、雨水集蓄利用等基础设施。住宅小区、单位内部的景观环境用水和其他市政杂用用水，应当使用再生水或者雨水，不得使用自来水。

（20）加强"海绵城市"建设。实施海绵城市建设分区管控策略，综合采取渗、滞、蓄、净、用、排等措施，加大降雨就地消纳和利用比重。

（九）节水载体创建

（21）开展节水型区复验。在全市16个区全部完成节水型区创建的基础上，建立"一年一评估、三年一复验"的动态管理机制，科学优化节水型区建设指标，抓好节水型区复验监管工作。

（22）加强节水型村庄（社区）创建。结合美丽乡村建设，加快生活供水设施及配套管网建设、改造，结合农村"厕所革命"和老旧小区改造，推广使用节水器具，推动用水计量收费。

（23）推进节水型单位创建。统筹建立中央驻京单位、部队和各行业主管部门节水工作协调管理机制，加大节水型企业（单位）创建力度，树立一批节水典型并进行示范推广。

（十）科技创新引领

（24）加快关键技术装备研发。依托首都科技人才优势，推动节水技术与工艺创新，瞄准世界先进技术，重点加强取用水精准计量、水资源高效循环利用、用水过程智能管控、精准节水灌溉控制、管网漏损智能监测、非常规水利用等先进适用技术、设备研发。

（25）促进节水技术推广。建立"政产学研用"深度融合的节水技术创新体系，拓展节水科技成果及先进节水技术工艺推广渠道，加快节水科技成果转化，逐步推动节水技术成果市场化。

（26）开展技术交流合作。加强与节水先

进的国家和地区开展技术合作与交流，引进相关技术和装备，不断提升节水技术水平。

四、深化体制机制改革

（一）政策制度推动

（1）全面深化水价改革。健全充分反映供水成本、激励提升供水服务质量、促进节约用水的城镇供水价格形成机制和动态调整机制，适时完善居民阶梯水价制度，全面推行城镇非居民用水超定额累进加价制度。深入推进农业水价综合改革，按照"两田一园"高效节水相关政策，健全农业用水精准补贴及节水考核奖励机制。适时调整再生水价格，鼓励扩大再生水使用范围。

（2）加强用水计量统计。全面实施在线计量管理，完善北京市节约用水管理平台，用水量统计分析到乡镇（街道）和村庄（社区）。实施计量设施量值溯源管理，保障计量数据准确。

（3）强化节水监督管理。严格实行计划用水监督管理，对重点领域、行业、产品进行专项检查。探索建立用水审计制度，鼓励年用水总量超过10万立方米的企业或园区设立水务经理。

（4）健全节水标准体系。按照"统一部署、行业牵头、统筹发布"的工作思路，建立节水标准制修订机制，根据用水总量控制与用水效率控制红线，实施"百项节水标准工程"，构建覆盖服务业、工业、农业、园林绿化等领域的先进用水定额和满足节水基础管理、节水评价的节水标准体系。

（二）市场机制创新

（5）落实水效标识管理。落实生活用水产品水效标识，强化市场监督，加大专项检查抽查力度，淘汰水效等级较低产品，对水效标识不实的厂家，依法查处向社会公开处罚结果。

（6）实施水效领跑。积极引导用水产品、用水企业和公共机构参与水效领跑者引领行动，树立节水先进标杆，鼓励开展水效对标达标活动。按照国家要求做好相关领域水效领跑者申报、初评工作，加快推出水效领跑者企业和公共机构典型。

五、节水保障措施

（一）加强组织领导

加强党对节水工作的领导，将节水作为党建引领"街乡吹哨、部门报到"与"河长制"的重要内容。各区委、区政府，各行业主管部门对本辖区、本行业节水工作负总责，按照"管理生产必须管节水、管理行业必须管节水、管理城市运行必须管节水"的要求，分别制定节水行动措施和年度实施计划，确保节水行动各项任务顺利完成。

（二）推动法治建设

加快推动地方立法，出台《北京市节约用水条例》。健全部门联合执法机制，加大节水执法力度。

（三）加大节水投入

建立节水投资保障机制，将各部门、各单位年度节水工作纳入部门预算安排。充分利用国家节水、节能、环保补贴政策，并通过合同节水、PPP等模式拓宽投融资渠道，争取更多的资金、资本投入节水型社会建设。

（四）健全节水奖励机制

在节水型区建设、节水载体创建、农业"两田一园"节水、水效领跑等方面，建立节水奖励机制，针对用水单位节水情况建立具体奖励措施，并对节水工作作出突出贡献的单位和个人予以表彰。

（五）提升节水意识

各区委、区政府，各行业主管部门要常

态化开展节水宣传工作,在文化旅游、交通运输、城市管理等人流密集场所大力开展节水宣传,电视、广播、网络等媒体要广泛倡导节水护水绿色生活理念,扩大宣传能见度和影响力,营造节约用水的良好社会氛围,提高全民节水意识。

第三章

《北京市节水条例》

第一节

《北京市节水条例》解读

《北京市节水条例》(以下简称《条例》,详见附件三)经2022年11月25日北京市第十五届人民代表大会常务委员会第四十五次会议审议通过。该《条例》分总则、规划与建设管控、全过程节水、保障与监督管理、法律责任、附则6章71条,自2023年3月1日起施行。

水是生命之源、生产之要、生态之基,是经济社会可持续发展的基础。2014年3月,习近平总书记从国家战略安全的高度提出"节水优先、空间均衡、系统治理、两手发力"的治水思路；2021年5月，在推进南水北调后续工程高质量发展座谈会上再次强调"要坚持节水优先，把节水作为受水区的根本出路"。党的二十大报告强调，"实施全面节约战略，推进各类资源节约集约利用"。

北京属于资源型极度缺水城市。全市多年年人均水资源量在100立方米左右，南水北调水进京后，年人均水资源量提高到150立方米左右，但仍远低于联合国认定的年人均水资源量500立方米的极度缺水标准。

贯彻落实习近平总书记节水重要讲话精神，积极应对水资源紧缺，有必要制定本市节水管理方面的地方性法规。2021年11月，市人大常委会主任会议同意立项。2022年7月、9月、11月，市十五届人大常委会对条例草案进行了三次审议，现已通过。

条例适用于本市行政区域内取水、供水、用水、排水及非常规水源利用全过程节水及其监督管理活动。立法思路一是贯彻节水优先，落实最严格水资源管理制度，强调"取供用排"全过程节水优先；二是坚持问题导向，聚焦薄弱环节和突出问题进行制度设计，针对频发高发违法行为提高处罚力度；三是突出本市特色，充分总结本市先进经验，不重复照抄上位法规定，根据实际情况针对性地作出规范。

条例在以下几个重点方面作出了规定：

1. 明确节水工作原则和政府职责

条例明确节水工作应当遵循统一规划、总量控制、合理配置、高效利用、循环再生、分类管理的原则；规定市、区人民政府将节水工作纳入国民经济和社会发展规划和计划，制定节水政策措施，建立健全节水考核评价制度。

2. 强化水资源刚性约束

为严控用水总量，条例规定每五年组织

制定全市水资源利用总量控制指标，并根据该指标制定年度生产生活用水计划及水资源配置方案；要求在规划管理工作中，将水资源条件作为城乡规划建设的刚性约束条件；完善行业用水定额，强化定额约束作用；制定高耗水工业和服务业行业目录，作为拟订本市新增产业禁止限制目录的重要参考。

3. 压实节水主体责任

条例针对"取供用排"各过程节水的关键点、薄弱点作出相应规定。

取水过程，规定加强取水、输水工程设施管理维护，严格控制取水、输水损失。

供水过程，细化供水单位义务，规定供水单位在制水、管网维护与改造、漏损控制方面的责任；要求供水单位按照国家和本市有关规定对供水管网进行巡护、检查、维修、管理，及时回应12345市民服务热线等诉求，向社会公布抢修电话，发现漏损或者接到漏损报告时及时抢修。针对实践中施工挖坏供水管网的问题，条例规定施工影响公共供水管网安全的，施工单位应当采取保护措施。

用水过程，明确对居民用水户、非居民用水户实行分类管理，规定用水应当计量、缴费；对于居民用水户，条例规定变更居民生活用水用途的，应当及时向供水单位报告；对于非居民用水户，规定实行定额管理、计划用水管理，细化其节水责任。对于行业用水节水，从农业灌溉、环境绿化、现场制售水、高耗水服务业等重点领域，明确了节水措施和要求，提升节水效果。为解决实践中的突出问题，条例规定禁止管网错接混接，禁止破坏或者损坏管网；任何单位和个人不得从园林绿化、环境卫生、消防等公共用水设施非法用水。

排水过程，强调非常规水源利用，规定加快再生水管网建设，定期公布再生水输配管网覆盖范围和加水设施位置分布；明确再生水管网覆盖范围内的用水户，园林绿化、环境卫生、建筑施工等行业用水，应当使用再生水；规定鼓励回收利用工业废水、配套建设雨水收集利用设施等内容。

4. 推动全社会共同节水

条例突出向科技要水，规定市、区人民政府加大政策和资金支持，促进节水产业发展，支持先进节水技术研发和推广，落实水效标识管理；注重发挥市场机制作用，规定建立健全有利于促进节水的差异化水价制度，探索推动用水权改革，激发节水内生动力；加强节水宣传教育，明确各级人民政府、公共场所管理者、学校、新闻媒体等节水宣传责任。多措并举，引导全社会形成节水良好风尚。

5. 完善监管措施和法律责任

对纳入取水许可管理的单位、用水量较

大的非居民用水户、特殊用水行业，条例规定主管部门应当加强日常监测和监督管理，发现浪费用水行为及时处理。条例结合本市实际，根据违法行为的事实、性质、情节和社会危害程度，合理地、有层次地设定法律责任，对频发高发的、危害程度较大的违法行为，设定较重的处罚，如针对管网错接混接、破坏或者损坏管网的突出问题，规定处最高三十万元的罚款。上位法对相关行为已经设定处罚的，条例不作重复规定，按照上位法执行。

为保证法规之间协调一致，此次立法同步修改了2004年制定的《北京市实施〈中华人民共和国水法〉办法》，删去第六章整章和第七章中的相关条款，相关内容均在节水条例中予以体现。同时，在水法实施办法其他章中，对水价调节、限制高耗水项目、计划用水管理等制度作了一致性修改。

第二节

《北京市节水条例》要点

北京属于资源型极度缺水城市,水资源短缺是首都经济社会发展的最大瓶颈。做好节水工作,意义重大。多年来,市委市政府落实中央节水工作部署,完善政策措施,积极推进节水型社会建设。《北京市节水条例》进一步提升和完善了依法节水的法律制度设计,对推动本市建立绿色生产生活方式,推动首都绿色发展、高质量发展,起到积极的促进和保障作用。

一、主要内容

严格贯彻"节水优先、空间均衡、系统

治理、两手发力"的治水思路，将水资源禀赋和承载能力作为经济社会发展的刚性约束条件，以水定城、以水定地、以水定人、以水定产，优化城乡空间布局和产业结构，严格控制人口规模，严格限制建设高耗水项目，落实最严格水资源管理制度。

二、基本原则

统一规划、高效利用、总量控制、循环再生、合理配置、分类管理、工作机制、政府主导、部门协同、行业管理、市场调节、公众参与。

三、全过程节水要点

1. 取水过程

实施取水统筹：明确统筹生产生活生态用水，优先满足城乡居民生活用水，合理开采地下水。

严格取水管理制度：明确取水单位和个人加强取水、输水工程管理维护严控损失的义务；补充取水许可有效期满的延续申请制度。

促进疏干排水利用：明确地下工程建设、矿产资源开采疏干排水应优先利用。

2. 供水过程

实行优水优用：明确开展地下水水源置换，扩大地表水供水范围。

明确制水损耗达标要求：供水单位应采用先进技术，提高制水效率和质量，回收利用尾水。

严格供水管网漏损控制制度：针对城市和乡村的老旧供水管网跑冒滴漏问题，重点强化了政府组织开展公共供水管网改造的重要职责。

强化施工管理制度：明确开工前建设或施工单位应向供水单位查明地下管网情况，

供水单位应及时准确提供。建设单位或者施工单位未与公共供水单位商定并采取相应的保护措施的，将承担法律责任。

明确供水单位基本义务：明确机构或人员，建立管理制度，安装水计量设施，建立用水户数据库并与主管部门共享，并建立供水单位考核管理制度。

3. 用水过程

实行分类管理制度：对于居民用水户，细化了了解水情水价、学习节水知识、掌握节水方法、使用节水器具、配合节水改造等基本义务，禁止擅自将居民用水转作他用。对于非居民用水户，明确责任人、建立节水管理制度、利用非常规水源分类分级装表计量、改造或更换高耗水工艺、技术保障节水设施正常运行、防止跑冒滴漏和开展水平衡测试或用水分析等基本义务。设定了对未保障节水设施正常运行，造成浪费用水的罚则。

明确水价调节制度：城镇居民生活用水和纳入城镇公共供水范围的农村生活用水实行阶梯水价。非居民用水实行超定额累进加价。洗车业、高档洗浴业、纯净水业、高尔夫球场和滑雪场用水户等特殊用水行业用水实行特殊水价。

强化农林业节水措施：明确调结构、上设施、增农艺、严计量等农业节水措施。明确选品种、上设施、推改造、减新水等园林绿化节水措施。住宅小区、单位内部的景观用水禁止使用地下水、自来水。

强化工业节水措施：工业用水应采用先进技术、增加循环利用。严格限制以水为原料的生产项目。现场制售饮用水应按规定安装尾水回收设施，进行利用，向卫生健康部门备案。

强化服务业节水措施：服务业用水单位应制定并落实节水措施，按规定安装、使用循环用水设施。严格限制高尔夫球场、高档洗浴场所等高耗水服务业发展。洗车业用水户应建设使用循环用水设施，报送登记表；再生水输配管网覆盖范围内的，应提供再生水供水合同。

严禁管网串接：禁止产生或使用有毒有害物质的单位将其生产用水管网与供水管网直接连接；禁止将再生水、供暖等非饮用水管网与供水管网连接，禁止将雨水管网、污水管网、再生水管网混接；禁止破坏或损坏供水管网、雨水管网、污水管网、再生水管网及其附属设施。

严格公共用水设施管控：明确园林绿化、环境卫生、消防等公共用水设施的管理责任人加强巡查管护，避免私接盗用。

突出公共机构示范：要求机关、事业单位、团体等带头加强内部节水管理，使用节水产品和设备，建设节水型单位。

4. 非常规水利用

推进再生水设施建设：水务部门应组织再生水供水单位加快再生水管网建设，定期公布再生水输配管网覆盖范围和加水设施位置分布。

明晰再生水利用范围：再生水输配管网覆盖范围内，园林绿化、环境卫生、建筑施工等行业用水，冷却用水、洗涤用水、工艺用水等工业生产用水，公共区域、住宅小区和单位内部的景观用水，降尘、道路清扫、车辆冲洗等其他市政杂用水，应使用再生水。水务部门将再生水用量纳入其用水指标。

强调雨洪控制利用：与本市水土保持条例衔接，重申加强雨洪控制利用的海绵城市建设要求。此外，鼓励非居民用水户收集、循环使用或者回收使用设备冷却水、空调冷却水、锅炉冷凝水。

第四章

北京市水资源保护

"一河永定，城因水兴。"拥有3000多年建城史、800多年建都史的北京，泉源遍布、河湖众多。

北京市位于华北平原北端，其西部和北部是连绵不断的群山。西部山地，总称西山；北部山地，统称军都山。西山与军都山在南口的关沟附近交会，合成一个向东南展开的半圆形大山湾，是一片海拔100米以下逐渐趋缓的平原，即华北平原的"北京小平原"。北京小平原的主体是由许多河流的洪积冲积扇形地和冲积平原联合形成的。在所有河流中，永定河在北京的流域面积最大，所形成的扇形地和冲积平原也最大。北京城就位于永定河洪积冲积扇形地的脊背地带❶。

北京市总面积约1.6万平方千米，山区

---

❶ 李裕宏. 当代北京城市水系史话［M］. 北京：当代中国出版社，2013：20-35.

面积约占总面积的61%,平原面积约占总面积的39%。山区为石质山地,平原多为砂壤土。北京城区地面西北高,一般在海拔50米左右,东南较低,海拔30米左右,地面坡度为1%～2%,到通州张家湾附近,地面海拔为20米以下。

北京处在北温带,是暖温带半湿润半干旱季风气候,平均日照时数在2000～2800小时之间,降水呈年际变化大、年内时空分布不均的特点。春季干燥多风,夏季高温多雨,秋季凉爽湿润,冬季干燥低温。

北京地区降水有4个特点,即年际变化幅度大,年内分配极不均匀,有明显的地区分布规律,丰枯水年交替发生。全年降水的82%集中在夏季6—9月四个月,6—9月多年平均降水量为488毫米,约占全年降水量的84%,丰水年(20%)汛期降水量为599毫米,夏季局地暴雨呈增加趋势❶。汛期局部地区易发生地形性暴雨，近山区边缘大于东南地区。由于这种地理和气候的特点，导致水旱灾害频仍。但随着城市发展和人口激增，北京地下水位一度因超采、气候等因素呈现加速下降趋势。自20世纪60年代末以来，降水偏少，旱情加重，水库蓄水少，许多河道断流。

北京是水资源严重紧缺的特大型城市，水是首都城市发展的命脉和重要基石。长期以来，北京市政府高度重视节约用水，全市上下认真贯彻落实"节水优先、空间均衡、系统治理、两手发力"的新时期治水思路和城市发展要坚持"以水定城、以水定地、以水定人、以水定产"的原则要求，对水资源进行统筹管理，深入实施最严格的水资源管理制度，加快

---

❶ 北京市政府新闻办公室. 北京市2022年防汛工作新闻发布会［OL］. 北京市政府新闻办公室，2022-6-1.

推进节水型社会建设,节水工作取得阶段性明显成效,有效保障了首都水安全,有力促进了经济社会持续健康发展。

第一节

推动节水综合立法和执法

翻开北京节水大事记,可以看出,历年北京市委市政府真抓实干,高度重视节水工作,不断完善相关管理制度,健全水法规体系,相继制定了《北京市实施〈中华人民共和国水法〉办法》《北京市节约用水办法》等配套法规,修订完善了《北京市水利工程保护管理条例》等水务法规规章,出台了《北京市超定额超计划用水累进加价费征收使用管理办法》等水务行政规范性文件。理顺了水政队伍职能职责,推进了水务综合执法,全面落实了执法责任制度。推进执法规范化建设，深化了水务行政审批制度改革。维护水事秩序、保证水安全，严厉打击了水事违法行为。

1981年，国务院决定，密云水库从1982年起不再为下游省市供水，并要求北京市大力节约用水，加强水资源的管理。市政府决定成立北京市节约用水办公室，主要职责是制定有关节水法规、规章及关政策，对全市计划用水户用水情况全面管理监督，在做好节水宣传教育的基础上，重点抓市区生活节水和工业节水。

1986年，市节约用水办公室进行第一次节水执法检查，此后形成惯例，每年执法36000户次，逐步做到对用水单位全年执法检查全覆盖。

1991年9月14日，市人大通过了《北京市城市节约用水条例》，共5章39条，是全国第一部关于节约用水的地方性法规。

2001年11月,发布了《北京市主要行业用水定额》,用水定额覆盖了全市90%以上的行业。

2005年5月1日颁布《北京市节约用水办法》,2012年7月1日修订后的《北京市节约用水办法》发布。

2016年北京市在全国率先发布实施了《关于全面推进节水型社会建设的意见》。

2020年10月13日,《北京市节水行动实施方案》正式发布,从农业、公共服务、绿化、工业、建筑、教育等方面开展重点节水行动,保障首都水安全,促进高质量发展。

2022年11月25日,北京市第十五届人民代表大会常务委员会第四十五次会议通过《北京市节水条例》,自2023年3月1日起施行。

从建机制、强立法、重制度、抓队伍,

纵观北京节水大事记，每一步都铿锵有力，以抓铁有痕的劲头强力推进。

一是健全了水务法规体系。北京市强化水务法规顶层设计，注重水务法规与其他关联行业法规的衔接，构建系统完备的水法规体系。推动以供水、用水、排水为主要内容的节约用水综合立法，制定节水条例、修订水法实施办法等地方性法规，配套制定供水管理、排水和再生水管理等方面的政府规章。

二是推动了水务综合执法体制改革。推进执法重心下移，构建"权责明确、边界清晰、衔接有序、传导有效"的水行政执法组织及运行体系。健全节水联合监督与执法机制，完善水行政处罚机制，综合运用行政处罚、生态损害赔偿、媒体曝光等多种手段，打击涉水违法行为。同时，加大了对园林绿化、公共机构等重点行业、重点用水户的节水执法力度,重点查处"绿地水汪汪、工地水哗哗、公共场所水滴答、道路水渍渍、农田地面水漫流"等浪费用水现象,提高了水事执法效能。

第二节

加强地下水源地保护

地下水是北京市重要的供水水源，也是构成北京市优美生态环境的重要因素，地下水资源的可持续利用与每一位市民切身利益息息相关。2022年9月，北京市水务局发布《关于开展地下水管理专项排查整治工作的告知书》，明确指出"地下水资源属于国家所有，取用地下水资源的单位和个人应当按照国家相关法律法规，向水行政主管部门申领取水许可证，合法获得取水权，规范安装取水计量设施，按期报送取水量，定期缴纳水资源税，并接受水行政主管部门的取水监管。"

一是完善地下水源地监管。完成饮用水源保护区划定和调整"千吨万人"规模以上饮用水源井实施全封闭管理,建立配套计量及监控设施。建立全市集中式饮用水水源信息台账,加强取水量和水质等监测分析,制定饮用水水源管理保护技术规程,推进水源地规范化管理。

二是强化地下水源区水质保护和补偿机制。守住地下水源保护红线,做好水资源战略储备区域与分区规划衔接,强化密怀顺、西郊等地下水源区水质保护。有针对性地建设隔离防护带,采取污染源整治、垃圾无害化处理、面源污染控制等措施,强化水源区地下水水质污染防治。建立健全战略储备水资源的价值实现机制,在地下水资源战略储备区域和保障区域之间,建立市级纵向和区域横向补偿机制,促进地下储备区协同保护和管理。

三是持续推进地下水超采区综合治理。全面推进落实地下水超采区综合治理各项措施，逐步建立地下水超采区动态管理机制，实行地下水禁限采管理，合理采取压采、回补等措施重点推进"控、调、换、节、疏、管"治理任务，有效涵养恢复地下水资源。

第三节

创新节水市场机制

优化水资源配置,是推动城市节水的有效途径。一个良好的水资源配置体系,需要政府和市场"两个手"共同发力构建。"政府之手"要在涉水领域的制度设计、管理协调方面发挥主导作用,而"市场之手"则应要运用价值规律调节供求,提高用水效益。只有推动有效市场和有为政府更好结合,才能最大限度提升水资源利用效率和效益。

北京市善用"市场之手",用好用活市场机制,发挥经济杠杆对水资源的配置和导向作用,让城市水资源得到合理配置。

一是水资源税改革试点得到落实。自2017年12月1日起《北京市水资源税改革试点实施办法》印发后，年度征收水资源税30亿元左右，增强了取水户节水责任与节水意识，有效抑制不合理用水需求。

二是价格约束机制显著增强，体现水资源属于稀缺资源，应该有偿使用的刚性约束。在用水缴费方面，加强农村用水收费，在全国范围内率先完成农业水价综合改革。城镇居民生活用水和纳入城镇公共供水范围的农村生活用水实行阶梯水价，非居民用水实行超定额累进加价，在"十三五"期间累计缴纳加价费达6000余万元。特殊用水行业用水实行特殊水价。特殊行业用水户包括洗车业、高档洗浴业、纯净水业、高尔夫球场和滑雪场用水户等。

通过经济手段和价格机制来调节和优化水资源的社会配置，居民用水实行阶梯水价，非居民用水实行超定额累进加价,对高耗水特殊行业征收特殊水价,促进重点用水户、特殊行业更积极地去循环用水、节约用水。

第四节

加强节水载体创建

北京市已经完成全市16个节水型区创建，并持续加强以中央国家机关所属在京公共机构、市级党政机关、普通高等学校、重点监控用水单位以及其他用水大户为重点的节水型单位建设，对示范带动各行业节水发挥了重要作用。

北京市水务局积极开展节水型机关建设，把北京市水务系统建成"节水意识强、节水制度完备、节水器具普及、节水标准先进、监控管理严格"的标杆单位，探索可向社会复制推广的节水型机关建设模式，示范带动全社会节约用水。到 2020 年年底,北京市水务系统全部完成节水机关建设,北京市水务局机关办公楼雨洪利用示范系统、北京市南水北调团城湖管理处高效节水灌溉系统、北京市水科学技术研究院庭院海绵城市试验示范工程也为节水型社会建设积累了可借鉴的经验。

在创建工作过程中,各单位节水管理和技术水平均有较大提升,并涌现了一批典型单位。北京市文物局与具有专业技术的水平衡测试队伍合作,通过勘察水管线路,了解机关院内用水点,对地下水管网进行了寻管、测漏等工作,完成了三级计量水表安装,并通过加强机关院内日常节水管理、建立院内用水每日巡检制度等多种措施,推动节水。

在节水型高校建设过程中,各高校对照《节水型高校评价标准》,通过加强节水宣传教育、强化用水精细化管理、加强管网漏损控制、提高非常规水利用、积极开展节水改造、探索应用合同节水管理模式、推动产学研融合等方式进一步挖掘节水潜力，提高节水水平，并结合自身特点，创新节水理念和做法，取得了显著成效。2022年，北京市共有5所高校入选节水型高校，全国有88所高校成为节水型高校典型案例。

第五章

北京节水：工业篇

水，参加了工业生产的一系列重要环节，例如，钢锭轧制成钢材，要用水冷却；制造1吨纸需用450吨水；食品厂的和面、蒸馏、煮沸、腌制、发酵等工序都离不了水，酱油、醋、汽水、啤酒等干脆就是水的化身。

自工信部、水利部、科技部和财政部多部门联合印发《京津冀工业节水行动计划》以来，北京市坚持"节水优先、空间均衡、系统治理、两手发力"的治水思路，立足京津冀水资源条件，紧密结合区域经济结构调整和绿色发展需要，优化工业用水结构，实施工业节水技术改造，加强工业用水管理，完善标准和政策体系，不断提高工业用水效率和效益，推动企业努力形成集约高效、循环多元、智慧清洁的工业用水方式，加快构建与水资源承载力相适应的产业结构和生产方式，促进工业高质量绿色发展。

第一节

加强标准引领

2020年,北京市水务局会同北京市市场监督管理局联合印发《北京市百项节水标准规范提升工程实施方案（2020—2022年）》,计划分三年完成近百项节水标准规范的制修订工作。截至2022年12月31日,已制修订工业用水定额15项、节水评价规范3项,支撑本市工业企业用水计划管理、节水考核等政策制定实施,倒逼产业转型升级。

自"北京市百项节水标准规范提升工程"实施以来,工业类节水标准规范已完成9项用水定额、1项节水评价及3项节水技术标准的制修订工作。全新的标准将有效支撑全市工业用水计划管理、节水考核等政策的制定和实施，倒逼工业产业转型升级、经济提质增效，改善水资源环境，推动北京市绿色高质量发展。

第二节

做好政策支撑

近年来,北京市不断建立节能节水激励机制等措施,促使节能节水工作取得了显著成效。北京市经济和信息化局会同北京市财政局联合发布《2022年北京市高精尖产业发展资金实施指南》,其中就绿色低碳发展项目奖励中列入了"项目实施后单位产品能耗或水耗达到国家、行业或地方标准先进值的,按不超过纳入奖励范围总投资的30%给予奖励,单个企业年度奖励金额最高不超过3000万元"。节水奖励政策的出台,极大有效地促进全市高精尖产业基础再造提升和产业链优化升级，推动产业高端化、智能化、绿色化发展。

此外，北京市经济和信息化局已连续两年与北京市水务局联合组织开展重点行业企业单位产品取用水达标测算工作，对进一步抓好工业节水示范项目建设，推动重点用水行业企业开展水效对标，努力提高工业水资源利用效率也起到促进作用。

第三节

节水先进典型

2022年,北京市印发《北京市"十四五"时期制造业绿色低碳发展行动方案》(以下简称《方案》)。根据《方案》,到2025年,制造业领域高精尖产业比重进一步提升,新能源和可再生能源持续扩大推广应用,化石能源占比稳步下降,能源资源利用效率进一步提升,一批前沿低碳负碳工艺技术得到示范应用。到2025年,北京市万元工业增加值能耗要比2020年下降12%以上,万元工业增加值碳排放比2020年下降20%左右,万元工业增加值用水量降低10%以上,累计创建

150家绿色工厂和30家绿色供应链管理企业。

北京市通过疏解、淘汰、整合、升级改造等措施，调整退出了一批一般制造业和高耗水、高污染企业，深入开展节水技术改造，扩大再生水利用，工业用水效率显著提升，涌现出一批批工业节水典范。

一、华能热电厂：每年节约水资源1200万立方米

华能热电厂是国内第一家采用中水回用的城市热电厂，为节约北京市水资源，电厂投资5000余万元建设了二级污水系统，电厂年节约新水用量约1200万立方米，工业水的重复利用率98.23%。

该厂发电单耗为1.26立方米每兆瓦时，低于《水利部关于印发钢铁等十八项工业用水定额的通知》（水节约〔2019〕373号）规

定的火力发电用水定额1.60立方米每兆瓦时的先进值，也低于1.52立方米每兆瓦时的领跑值。

二、中芯国际：回收水利用率达到98.5%

中芯国际是在集成电路行业中最早用上再生水的企业，为此，亦庄经济技术开发区还为其专门建设了配套的再生水厂。目前，开发区内的京东方、中芯国际、揖斐电、康宁等高端产业企业都成为再生水的用水"大户"。通过10年的摸索、实践，开发区逐步利用再生水替换新水水源，实现了再生水直接利用于工业生产环节，再生水用量占总用水的比例达到近30%，占生产经营用水的40%。

中芯国际集成电路制造有限公司是全球排名第三的集成电路代工企业，同时也是用水大户。2002年建厂后，中芯国际自筹资金

2300多万元建设水回收处理改善系统。

该公司现有三类废水回收再利用系统、一套雨水回收系统。中芯国际在水的内部回收利用上，回用率达到98.5%，这个数据使该企业在内地同行业中成为领跑者。

三、北京城市排水集团：大力推进城市污水再生利用

北京城市排水集团大力推进城市污水再生利用，构建厂网河流域管理模式，总投资约520亿元，筛选、优化、组合各种工艺如A^2O强化生物脱氮除磷技术、生物滤池技术、膜技术、再生水集成消毒技术等，自主研发先进技术"红菌"高效脱氮技术，运营着北京市中心城区10000多公里排水及再生水管线，102座雨污水泵站，11座再生水厂，5座大型污泥处理设施。

其中槐房再生水厂是《北京市加快污水

处理和再生水利用设施建设三年行动方案（2013—2015年）》确定的重点项目之一，设计规模60万立方米每日，占地31.36公顷，采用全地下MBR工艺，是亚洲规模最大的全地下式再生水厂。该项目于2016年10月27日投入运行，凉水河城区段流域内污水处理能力提升近1倍，有效改善了该流域水环境质量，实现了资源利用、污染减排和环境改善的目标，在防治水污染、保护生态环境、保障居民身体健康等方面发挥积极作用。

多年来，北京市上下坚持不懈厉行节水，推动把水资源作为最大的刚性约束。全社会参与节水、各单位齐抓共管的工作合力总体形成。建立了全市节水行动联席会议制度，实施了"管城市运行必须管节水、管生产必须管节水、管行业必须管节水"的责任体系，为全方位推动节水提供了机制保障。构建北京市工业节水标准体系，推动实施百项节水标准规范工程，将大力促进工业节水工作更加科学化、精细化管理，推进标准化与行业节水工作深度融合，以标准助力工业节水先行，在用水源头把控好北京市节水贯穿于经济社会发展和工业生产的全过程，逐步推动北京市形成水资源利用与发展规模、产业结构和空间布局等相适应的现代化新格局。

第四节

专栏：工业节水技术知多少

用水重复利用：大力发展和推广工业用水重复利用技术，提高水的重复利用率是工业节水的首要途径。大力发展循环用水系统、串联用水系统和回用水系统。鼓励在新建、扩建和改建项目中采用水网络集成技术。

冷却节水技术：发展高效冷却节水技术是工业节水的重点。发展高效环保节水型冷却塔和其他冷却构筑物。优化循环冷却水系统，加快淘汰冷却效率低、用水量大的冷却池、喷水池等冷却构筑物。推广高效新型旁滤器，淘汰低效反冲洗水量大的旁滤设施。

洗涤节水技术：在工业生产过程中洗涤用水分为产品洗涤、装备清洗和环境洗涤用水。推广逆流漂洗、喷淋洗涤、汽水冲洗、气雾喷洗、高压水洗、振荡水洗、高效转盘等节水技术和设备。

给水和废水处理：在废水处理中应用臭氧、紫外线等无二次污染消毒技术。开发和推广超临界水处理、光化学处理、新型生物法、活性炭吸附法、膜法等技术在工业废水处理中的应用。

非常规水资源利用：发展海水直接利用技术。在沿海地区工业企业大力推广海水直流冷却和海水循环冷却技术。

第六章

北京节水：农业篇

民以食为天，食以水为先。我国特殊的自然条件及水资源禀赋，决定了农业对灌溉的依赖性。在我国，农田灌溉用水约占全国总用水量的60%，没有灌溉，我国的粮食产量不可能有稳定的增长，也难以满足人们对于粮食的需求。

北京市委市政府在深入调研、统筹工程节水、管理节水、农艺节水、科技节水的基础上，出台了《关于调结构转方式发展高效节水农业的意见》。在农业节水领域创新"细定地、严管井、上设施、增农艺、统收费、节有奖"的节水新模式。"十四五"期间，北京市推进高效节水灌溉，建设高效节水灌溉面积37万亩，其中粮田及菜田34万亩、果园3万亩。实施农业用水总量控制和灌溉用水限额管理。严格地下水取用水计量和用途管制，结合高标准农田建设推动100米以深的农业机井置换更新成浅层机井。

第一节

全面完成农业水价综合改革

北京已全面完成农业水价综合改革,"两田一园"用水实现了全计量、全收费。各区围绕"农业用新水负增长"的硬约束下,在"细定地、严管井、上设施、增农艺、统收费、节有奖"的节水新模式框架下,各显神通、因地制宜地制定了各具特色的一系列政策、举措,确保了农业水价综合改革按计划如期完成。

实际上,早在2014年,顺义、房山以及通州潮县就系统地开展了农业综合节水试点工作,之后,该工作陆续在各区展开。发展物联网、加装智能灌溉系统、应用水肥一体化等农艺节水新技术、政府和社会资本合作模式建管一体化新机制等，让北京各区农业节水亮点纷呈。

一、顺义区：首例引入 PPP 实现建管一体化

在顺义区，京顺水资源管理有限公司专门为农业用水设施建管而成立，也是北京市首例通过高效节水招商引资 PPP 项目有效解决农业高效节水工程中重建轻管、自建自管等问题的实践。2017 年该公司成立以来，已经为 10 万亩农田新建 500 多套高效灌溉设施。引入 PPP，也成为顺义区作为现代农业高效节水示范区的独有特点。

引入 PPP 实现了"建了有人管，坏了有人修"，有效地促进了高效灌溉设施的使用率、提高了使用寿命。该公司在每个镇设运

行维护服务点，并配备满足服务要求的工作人员，将服务延伸至各村，与各村管水员建立相关工作机制，保证出现设备故障、用水监测异常及其他突发情况维修或处理，响应时间不超过1小时。

二、房山区：农业综合水价改革北京样本

房山被称为农业综合水价改革的北京样本。2014年，房山作为全国80个试点县中的唯一一个"京牌"，率先成为农业水价综合改革试点区。包括河口村、北柳村等11个村成为首批试点村。如今，村民用水只需要一张IC卡，轻轻一刷，水泵就自动开始运行，再刷一下，马上停止。每张卡都与村级节水智能管理平台相连，只要打开系统，村里10眼井何时开启、何时关闭、用了多少水、是否超限额都一目了然。而这个村级平台还会连接至镇乡以及区级的相应平台，这都源于

房山区全区 2921 眼机井全部安装上了超声波流量计，实现了对农业用水实时监控。在用水限额内，农民以每立方米水 0.56 元的价格给 IC 卡充值，超出限额多交钱，少用 1 立方米水还有 1 元的奖励。只要采用节水技术，灌溉成本没增加多少。

据统计，经过农业用水水价综合改革后，房山农业用水量占总用水量的比例不到 27%，2022 年房山区农业灌溉面积 33.79 万亩，农业用水量占全区用水总量的 24%。同时，大幅减少了地下水的开采，助力了地下水水位回升。

三、通州区：兼顾水资源保护与农业灌溉两头平衡

通州区全面落实节水优先战略，坚持量水发展，助力副中心"蓝绿交织、清新明亮、水城共融"的生态城市建设。兼顾水资源保

护与农业灌溉两头平衡。严格机井数量、水量、用途管控，263个村、3382眼机井100%实施总量控制和限额管理，落实"以水定地"；建立合理农业水价形成机制，有偿用水有效提高村民节水意识，杜绝浪费水资源，突出"两手发力"。

四、海淀区：应用"水务大脑"新技术

海淀区水务局以创新、协调、绿色、开放、共享发展理念为引领，在充分运用云计算、大数据、物联网、移动互联、人工智能等新一代信息技术海淀区"水务大脑"助力下，加快推进"两田一园"农业水价综合改革管理工作，健全节水激励机制。据了解，海淀区制定了《海淀区"两田一园"农业高效节水实施方案》，对于海淀区3.74万亩"两田一园"区域分三期陆续开展高效节水改造。

五、延庆区：通过竞聘重新组建水务协管员队伍

在农业用水水价综合改革中，延庆区解散了原有1000名管水员，通过竞聘与推荐方式重新组建了589名水务协管员队伍，其中镇级水务协管员36名，村级水务协管员553名，并于2017年1月1日全部上岗到位。同时区水务局将《水务协管员岗位职责》下发至全部水务协管员并分批对其进行了3期4次600余人次培训。同时，自2018年1月1日起对全区"两田一园"范围内农业灌溉用水全部征费，征收范围是"两田一园"涉及的161个村，水费计量征收达100%。

第二节

建设高效节水灌溉设施

高效节水灌溉是对除土渠输水和地表漫灌之外所有输、灌水方式的统称。根据灌溉技术发展的进程，输水方式在土渠的基础上大致经过防渗渠和管道输水两个阶段，输水过程的水利用系数从 0.3 逐步提高到 0.95，灌水方式则在地表漫灌的基础上发展为喷灌、微灌、直至地下滴灌，从水的利用系数 0.3 逐步提高到 0.98。

在北京市农业水价综合改革中，"细定地、严管井、上设施、增农艺、统收费、节有奖"这一节水新模式贯穿始终。

在"细定地"方面，重新划定农业生产空间，将农业生产面积控制在250万亩左右，其中：粮田80万亩、菜田70万亩、鲜果果园100万亩。经过农业水价的综合改革，农业用水量"负增长"的目标已经实现。

在"上设施"方面，要首先对籽种、蔬菜、果树配套建设高效节水灌溉设施，不同种植结构采用不同节水设施，就是要改变之前大水漫灌的方式，对农作物进行精细化灌溉，让其既生长得更好，又能省下水。北京市每年将用水指标分解到区、乡镇和村，严格实行灌溉用水限额管理。设施作物每年用水量不超过500立方米每亩，粮田、露地菜田每年用水量不超过200立方米每亩，鲜果果园每年用水量不超过100立方米每亩。按照"缺什么补什么"的原则，各区首先强力推动灌溉方式由低压管道输水灌溉向微灌、喷灌等用水效率更高的节水灌溉方式转变。

在"两田一园"范围内采取高效节水灌溉工程建设,发展雨养旱作农业,推广水肥一体化、防草布、蓄水保墒等农艺节水技术,引导农户采用高效节水灌溉方式。

2022年以来,北京市还将高标准农田建设作为"三农"工作中的一项重点工程,精心组织,科学规划,规范管理,狠抓落实,目前已完成4.3万亩高标准农田建设,超额完成年度4万亩建设任务。

高标准农田可同时实现高效节水和农业增产。2022年顺义区高标准农田建设任务为7036亩,其中新建任务2036亩,改造提升任务5000亩,涉及李桥镇、龙湾屯镇和木林镇。项目建设的主要内容包括:土地平整工程、灌溉与排水工程、输配电工程、田间道路工程、农田防护林工程等。通过实施高标准农田建设,项目区内灌溉基础设施得到了明显改善,大大提高耕地的灌溉保证率和作物的水分生产率，同时灌溉技术水平、管理水平也显著提高。项目采用喷灌和滴灌的高效节水技术工程，水利用系数从0.5提升到0.85~0.9，将为项目区内每年新增节水量22.09万立方米；采用低压管道输水灌溉速度快，灌溉效率高，可缩短灌水周期，节省灌水用工，大田平均每亩可节省人工1个，设施蔬菜平均每亩可节省人工3个；通过科学的灌溉方法和作物灌溉制度，可有效挖掘作物增产潜力，大田每亩增产100千克，蔬菜每亩增产150千克。

第三节

专栏：农业节水灌溉技术科普

从输水方式来看，过去农民伯伯们引江河水灌溉农田，但是洪水时常泛滥，由于田地无法移动，农田经常被冲毁。于是，水利活动应运而生，人们开始修水渠输水，筑水库，涝时蓄洪，旱时灌溉。农田灌溉所用的水，经常是从水源地用渠道输送来，渠道短的几十、几百米，长的几十、几百千米。渠道如果是土质的，输水的过程中就会有一部分水向下渗漏掉，到不了田间。这种沿途损失的水量一般要占到输水量的 $50\%\sim60\%$，甚至高达 70%，实在可惜啊！

渠道防渗技术是提高渠道输水利用率的

主要措施，可以极大地避免水的损耗。如果采用新型的PVC管替代原来的土渠，管道输水的利用率会大大提高。大部分地区都已经在使用这项技术，它可以算是农业节水技术中的"老大哥"。

从灌溉方式来看，水送到田间以后，如何浇灌是大有学问的。沿袭几千年的传统办法是采取大水漫灌法，浇地时把整个田间都放满水。如果田间土地不平整，高高低低，要使地块都漫上水，所用水量就要更大。而且，经常用大水漫灌的方式浇水，土壤的结构会变得紧实，影响根的呼吸，土壤中的养分也会随水流失，影响植物生长。所以，水浇多了一点用也没有，作物吸收不掉，土壤也留不住，造成了巨大的浪费。

喷灌技术是通过对水泵加压，让水流快速通过管道、喷头并被射到空中，形成雾状的雨滴，像春日里的绵绵细雨般均匀而细密地散落在作物间。这种技术的适用性很强，不受地形和土壤类型的限制。喷灌也常常用于城市的绿化景观。

微灌技术，又称作局部灌溉技术，它是把流量很小的灌溉水送到作物附近，再把水滴在或喷洒在作物根区，或在作物顶部形成雨雾，也有通过较细的塑料管把水直接注入根部附近土壤。微灌又可分为滴灌、渗灌、微喷和涌泉四种灌溉方法，这类灌水方法与地面灌溉和喷灌比较，灌水的流量小，持续时间长，间隔时间短，土壤湿度变幅小。根据许多国家试验结果，微灌比喷灌可省水30%左右，比地面灌可省水75%左右，化肥、农药等均能随水使用，运送方便。除了节水节肥节农药，喷灌和微灌技术还能有效提升农作物产量。

从农业技术来看，还有巧妙的节水方法。农民伯伯会给农田穿上"衣服"——塑料膜，能让土壤保持水分,调节土壤温度,减少病虫害,在节水的同时,还能促进农作物的生长。另外,科学家一直在寻找和培育最"耐渴"的种子,从根源上减少农作物的"吃水"量。耐旱小麦甚至可以不需要浇灌补水,主要依靠天然降水来维持生长。耐旱水稻与普通水稻相比在水田种植可节水50%以上,且可减少化肥农药施用量,产量、米质与水稻相当。

第七章

北京节水：生活篇

水与我们的生活息息相关。当前,北京水资源与人口环境之间的矛盾依然突出。虽然南水北调江水进京,人均水资源量增加到150立方米左右,但仍远低于国际公认的500立方米极度缺水警戒线,全市用水仍处于"紧平衡"状态,"水少"仍是北京长期面对的基本市情水情。北京市多措并举加强生活节水,积极推广节水型生活用水器具,加强节水载体创建,广泛开展节水宣传教育,让节水优良品德落实到居民的日常生活习惯中。

第一节

积极推广节水型器具

居民家庭生活用水器具共分3个级别，1级为节水先进值，是行业领跑水平；2级为节水评价值，是我国节水产品认证的起点水平；3级为水效限定值，是耗水产品的市场准入指标。北京市水务局联合市发改委等五部门向社会发布《节水型生活用水器具推荐名录》，开展节水器具质量提升行动。联合市商务委将高效节水坐便器、淋浴器纳入节能减排补贴范畴，市民购买目录内的节水产品可享受20%的补贴。组织各区进行节水器具换装，在城镇地区已基本普及节水器具的基础上，将水效2级及以上的高效节水器具作为推广的重点，"十三五"以来，换装高效节水器具100万套，城镇居民家庭节水器具普及率达到99.4%。2021年，北京市在全市经济总量突破4万亿元的情况下，生产生活用水总量严格控制在30亿立方米以内。

第二节

专栏：生活节水窍门

先秦荀子名篇《劝学》有言："积土成山，风雨兴焉；积水成渊，蛟龙生焉；积善成德，而神明自得，圣心备焉。"社会以家庭为单位，我们每一个家庭只要注意改掉不良的用水习惯，每天就能节水70%左右。点点滴滴长期坚持下来更是会取得巨大的成效，为首都节水型城市建设作出自己的贡献。

如何在生活中轻松有效地实现节水呢？首先我们需要了解会导致浪费水的一些不良习惯。比如：用抽水马桶冲掉烟头和碎细废物；先洗土豆、胡萝卜后削皮，或冲洗之后再择蔬菜;用水时的间断(开门接客人,接电话时),未关水龙头;停水期间,忘记关水龙头;洗手、洗脸、刷牙时,让水一直流着;睡觉之前、出门之前,不检查水龙头;设备漏水,不及时修好。

下面为大家介绍一些简单好用的节水窍门,在节省水费的同时,还可以为建设首都节水型社会作出大贡献!

一、厨房节水

1. 洗菜

(1) 去浮土省水:洗菜前先抖去蔬菜上的浮土,可有效减少洗菜水的用量。

(2) 不用长流水:用盆或水槽接水洗菜,不使用流水洗菜,并改不间断冲洗为间断冲洗。

(3) 妙用淘米水:用淘米水浸泡蔬菜、瓜果几分钟,可有效去除脏物,减少冲洗次数。

2. 烹饪

（1）不用水做解冻用：需要将肉解冻时，可提前把肉从冰箱拿出，不用水泡加速解冻，尤其不使用热水解冻肉类。

（2）烧水时间莫过长：烧开水时间过长既费水又费燃气，反复煮沸的水中所含的钙、镁、氯、重金属等成分都会有不同程度的增高，会对人的肾脏产生不良影响。

（3）直接冲刷不可取：洗炊具、餐具时，如果油污过重，可以先用纸擦去油污，然后进行冲洗。

（4）去油洗剂莫过量：洗涤灵等去油洗剂适量就好，过多既浪费，还会增加冲洗次数浪费水。

（5）面汤代替洗涤灵：生活中煮饭的米汤、面汤不要轻易倒掉。它是天然的"洗洁精"，可有效去油，效果比洗涤灵要好得多。

淘米水、过夜茶、煮菜水可用来洗餐具,去污能力也很强。

二、卫生间节水

(1) 安装使用节水器具:节水龙头既节水又耐用;一级水效节水马桶的平均用水量不大于4升;二级水效马桶的平均用水量不大于5升。

(2) 老式马桶节水新生:可以在水箱里竖放块砖头或一个盛满水的大饮料瓶,可以减少每一次的冲水量。注意,一定不要损坏水箱部件或妨碍水箱部件的运动。

(3) 莫把马桶当垃圾桶:很多人习惯把垃圾扔到马桶里放水冲走,这是非常错误的做法。垃圾不论大小、粗细,都应扔到垃圾桶或垃圾道中,以免造成堵塞,在冲马桶时浪费更多的水。

(4) 发现漏水及时补救:随时检查器具

是否漏水，定期检查进水止水胶皮和出水口止水胶皮，损坏及时更换，不要让水白白流走。

（5）水龙头间断适量放水：洗手、洗脸、刷牙时，都不要将水龙头始终打开，养成间断性放水、随手关水龙头的习惯。如：洗手、洗脸时应在打肥皂时关闭水龙头，刷牙时，应在杯子接满水后，关闭水龙头。不要把水龙头开启到最大。

三、洗衣节水

在家庭生活用水中，洗衣耗水是现代家庭用水的一大部分，特别是用全自动洗衣机，虽然节省了人力和时间，却大大增加了洗衣用水量。

（1）机洗：选用有节水标识、洗净比高的洗衣机。弄清楚洗衣机的功能，不做错误操作导致费水。了解洗衣机各档的用水量和衣物的洗涤重量，根据所洗衣物多少确定合适的水位。

（2）手洗：小件、少量衣服用手洗，提前浸泡减少水耗。

（3）适量配放洗衣粉：洗衣粉不要放过量，注意一般漂洗3次就能有效去除残留洗衣粉，不要过度漂洗。

（4）脏衣服集中一起洗：衣服太少的时候不洗，多攒一些分类再洗，也是省水的好方法。

（5）充分利用漂洗水：将漂洗的水留下来做下一批衣服的洗涤用水，一次洗衣就能省下30～40升的清水。

（6）巧用最后一次漂洗水：除用作下一批衣服洗涤之用，漂洗水还可用作擦地、冲厕所之用，达到一水多用的目的。

四、洗浴节水

（1）洗澡最好用淋浴：淋浴比盆浴更为

节水，淋浴5分钟用水仅是盆浴的1/4，既方便又卫生更节水。

（2）盆浴节水有窍门：如果十分喜欢盆浴，要注意水不要放满，有1/4～1/3就足够了。

（3）避免长时间冲淋：淋浴时间以不超过15分钟为宜。

（4）间断性放水淋浴：淋浴时不要让水自始至终地开着，抹浴液时、搓洗时不要怕麻烦，把水关掉。

（5）连续洗澡可省水：家中多人需要淋浴，可几个人接连洗澡，能节省热水流出前的冷水流失量。不但省水，还省电或燃气。

（6）洗澡时别洗衣：最好不要在洗澡时"顺便"洗衣服、鞋子。因为用洗澡时流动的水洗这些东西，会比平时用盆洗浪费3～4倍的水。

（7）输水管越短越省水：淋浴喷头与加

热器的连接输水管越长，打开后流出的冷水就会越多，清水都会被放掉而造成浪费，所以输水管应尽量短。

五、洗车节水

（1）到正规洗车行洗车：正规洗车行会采用循环节水洗车，非正规的洗车行是用水直接冲洗，大量浪费水资源。

（2）自己洗车有妙招：自己洗车，要避免用自来水直接冲洗。经常自己洗车的家庭，不妨使用一种节水洗车器，它利用高压的方式使用很少的水就可以洗干净一辆车，省力又省水。

第八章

节水宣传在行动

北京市深入践行"节水优先、空间均衡、系统治理、两手发力"的治水思路和"以水定城、以水定地、以水定人、以水定产"的城市发展要求，紧紧抓住"水"这个最脆弱、最敏感、最短缺、最受社会关注的要素，持续加大节水宣传，增强居民节水意识，培育节水文化，积极推进节水载体，让节约用水从个人习惯变成"社会习惯"。

第一节

培育节水文化

把习近平生态文明思想贯彻到节水宣传的全过程,注重全社会节水意识的培养,着力强化社会爱水、惜水、节水、护水的自觉意识,推动建立节水型生产生活方式和消费模式,促进水与经济社会协调健康发展。

建立节水宣传长效机制,充分利用电视、报纸、网络、广播、微信、微博、抖音短视频等多种媒体和新兴媒体,针对不同年龄的受众持续开展节水主题宣传活动。面对中小学生,将节水宣传纳入中小学课堂,编印发放《中小学节水知识读本》,开展节水大讲堂活动。每年组织全市中小学德育教师开展节水能力培训活动,让教师们将节水的种子带进校园,强化校园节水文化培育。在疫情期间打破传统教学模式,突破时间、空间限制,利用直播方式开展"节水云课堂"。面对北京市民,充分发挥新媒体的宣传优势,开设了"北京节水"抖音号,利用"水润京华"微信平台营造全社会节水氛围。

持续开展节水"进机关、进部队、进乡村、进企业、进校园、进社区、进家庭"七进宣传活动,普及节水知识,提高社会节水意识。启动了"倡导光瓶行动,杜绝用水浪费"专项行动,发出了"珍惜每滴水,光瓶饮水我们在行动"倡议,号召党政机关、事业单位、会议会展、博物馆、宾馆酒店、公共交通、文化娱乐场所和旅游景区等瓶装饮用水使用重点场所,要带头主动开展"光瓶行动"，建立节水机制，杜绝水资源浪费现象。各行业主管部门和各区政府积极响应，抓落实、见行动、出效果，以"光瓶行动"带动全社会广泛节水。开展全市节约用水先进集体和先进个人表彰活动。表彰了热爱节水工作、为节水工作作出贡献的企事业单位、机关、中央在京单位和驻京部队等50个节水先进集体以及150个节水先进个人，树立了节水典型，总结了各方节水经验，进一步推动本市节水工作的开展，充分调动社会各界的节水积极性。

同时，线下长期设立北京节水展馆，凭借现代化的视听手段、互动式的亲身体验向广大市民传播节水知识。在这里，可以了解用水器具的发展史、各类用水器具的水效国家标准，还能看到国家明令淘汰的生活用水器具实物，并观看各种水嘴和淋浴器的流态和流量对比演示。这些理论与展示相结合的节水宣传内容，增强了节水宣传的趣味性和沉浸感，在潜移默化中不断促进群众节水知识的增长。

第二节

专栏：北京节水展馆

北京节水展馆作为北京市节水宣传主阵地，年均接待参观近万人。荣获"国家水情教育基地""全国中小学节水教育社会实践基地""北京市科普基地"等多项称号并成立节水护水志愿者服务队。

坐落在北京市海淀区恩济庄的北京节水展馆（由水利部、共青团中央、中国科协办公厅公布的"国家水情教育基地"之一），承接了众多企事业单位、中小学校的节水实践活动。

第九章

水知识问答

第一节

地球上究竟有多少水资源

一提起水资源大家或多或少都会有所了解，地球与其说是地球，不如说是水球，因为地球表面71%是海洋，如果把这些水均匀地铺在地球表面，会垒起一个厚度为2700米左右的水层。这样看来，地球上的水资源好像是源源不尽的。真是这样吗？

十分可惜，在地球的总水量中，人类能够赖以生存的淡水大约只占地球总水量的2.5%。这2.5%的淡水，也并非全部都能被人类获取和利用。南北极冰盖、格陵兰冰盖、高山冰川和永久冻土层中，以固态形式冰封着大量的淡水资源，以及一部分淡水虽以液态形式存在，却埋藏于地下很深的地方，都难以开采。只有存在于河流、湖泊、沼泽和地下 600 米以内的含水层中的少量淡水，总计还不到地球总储水量的 1%，大约 1066 万立方千米的淡水，才是可以为人类所用的淡水资源。

淡水资源是极其有限和珍贵的。目前，世界上许多国家和地区都已出现淡水缺乏和用水紧张的情况，中东、非洲的一些干旱国家，情况更为严重。联合国《2023 世界水资源发展报告》显示，全世界有 26% 的人口没有清洁饮用水喝；全球四分之一人口面临水资源短缺……这些数据都在不断提醒人们，我们正在面临水资源危机。

第二节

你知道"世界水日""中国水周"吗

一、世界水日

为唤起公众节水意识、缓解世界范围内的水资源供需矛盾，1993年1月18日，第四十七届联合国大会作出决议，确定自1993年起，将每年3月22日定为"世界水日"，以推动对水资源进行综合性统筹规划和管理，加强水资源保护，解决日益严重的缺水问题。决议提请各国政府根据本国国情，在这一天开展广泛的宣传教育活动，以增强公众节水意识、加强水资源保护。

世界水日宗旨是唤起公众的节水意识，

加强水资源保护。为满足人们日常生活、商业和农业对水资源的需求，联合国长期以来致力于解决因水资源需求上升而引起的全球性水危机。

二、中国水周

1988年《中华人民共和国水法》颁布后，我国水利部即确定每年7月1日至7日为"中国水周"。考虑到"世界水日"与"中国水周"的主旨和内容基本相同，从1994年开始，把"中国水周"的时间改为每年3月22日至28日，使宣传活动更加突出"世界水日"主题，更有利于动员全社会一起关心水、爱惜水、保护水，增强水忧患意识，促进水资源的开发、利用、保护和管理。

自1988年以来，我国已举办了三十五届"中国水周"活动。"中国水周"旨在使全世界都来关心并解决淡水资源短缺这一日益严重的问题,并根据中国国情,开展相应的宣传教育活动,提高公众珍惜和保护水资源的意识,促进水资源的开发、利用、保护和管理。

第三节

水 效 标 识

水效标识为绿白背景的彩色标识,和"能效等级"标识类似,是贴在用水产品上的信息标签,用来表示产品的水效等级、用水量等性能指标。

我国于2018年3月1日起,正式实施《水效标识管理办法》,消费者可以通过扫码识别器具节水性能。目前水效评价等级划分为3个级别:1级,为高效节水型器具;2级,为节水型器具;3级,属于用水器具的市场准入标准。

此外,根据不同用水产品技术成熟度、

市场监管能力和水效标准完善情况，将适时拓展到商用产品、工业设备、灌溉设备等。我国坐便器年产量超过4000万件，水嘴年产量达1.5亿件，洗衣机年产量达3200万台，滴灌带年产量达250亿米。据初步测算，水效标识制度的实施每年将节水60亿立方米，折合水费超过120亿元。水效标识有助于消费者选择节水效能高的用水产品，促进企业生产优质的节水型产品，形成全社会节水的良好氛围，推动节水型社会建设。

第四节

我们生活用水量是多少

在大部分家庭里,每天打开水龙头就有水,洗澡、冲厕、洗菜、洗水果、洗衣服……日常重复的家庭劳动中,大量的水被消耗。你有没有交过水费?你知道一年一个家庭能消耗多少水吗?只有对用水量有了了解,才会真正形成节约用水的生活习惯。

根据国家住建部发布的我国城市居民生活用水量标准(GB/T 50331—2002),北京地区居民生活日用水量为85~140升每人日,即每人每天用水85~140升,两端相差体积为55升。如果我们能够通过节约用水将用水量降到最低标准，按健康标准推荐每人每天饮 8 杯水（2000 毫升）计算，节约下来的 55 升足够一人喝将近一个月。如果北京地区的 2188.6 万常住人口（国家统计局发布 2021 年末数据）每个人都养成节水的良好习惯，每天北京地区就能节约出 21886000×55＝1203730000 升，即 120 多万吨水！节水的影响，你我的力量，可见一斑。

参考文献

[1] 李裕宏.当代北京城市水系史话［M］.北京：当代中国出版社，2013.

[2] 金良浚，马东春.北京水文化与城市发展［M］.北京：中国城市出版社，2014.

附件一

北京市实施《中华人民共和国水法》办法

（2004年5月27日北京市第十二届人民代表大会常务委员会第十二次会议通过　根据2019年7月26日北京市第十五届人民代表大会常务委员会第十四次会议通过的《关于修改〈北京市河湖保护管理条例〉〈北京市农业机械化促进条例〉等十一部地方性法规的决定》修正　根据2022年11月25日北京市第十五届人民代表大会常务委员会第四十五次会议通过的《关于修改〈北京市实施中华人民共和国水法办法〉的决定》修正）

目　　录

第一章　总则

第二章　水资源规划

第三章　水资源开发利用

第四章　水资源和水域的保护

第五章　水资源配置

第六章　法律责任

第七章　附则

第一章　总　　则

第一条　为了实施《中华人民共和国水法》(以下简称《水法》),结合本市实际情况,制定本办法。

第二条　在本市行政区域内开发、利用、节约、保护、管理水资源,应当遵守《水法》和本办法。

第三条　根据节约水资源、促进首都高质量发展的要求,北京城市总体规划、国民经济和社会发展规划和计划应当与水资源条件相适应,实现经济、社会、人口、资源、环境的协调、可持续发展。

第四条　本市严格保护水资源,实行城乡全面规划、统一管理,地表水、地下水和再生水统一调度,优化水资源配置;坚持开源、节流、保护并重,厉行节约用水,建设节水型社会。

第五条　各级人民政府应当将水资源开发、利用、节约、保护和管理工作纳入国民经济和社会发展规划和计划，增加资金投入，建立长期稳定的投入机制。

第六条　市水务部门负责本市行政区域内水资源的统一管理和监督工作。

区水务部门按照规定的权限负责本行政区域内水资源的统一管理和监督工作。

市和区有关部门按照职责分工，负责本行政区域内水资源开发、利用、节约和保护的有关工作。

第七条　本市充分发挥水价调节作用，促进节约用水，提高水资源利用效率。

第八条　鼓励和支持开发、利用、节约、保护、管理水资源的先进科学技术的研究、推广和应用。

在开发、利用、节约、保护、管理水资

源等方面成绩显著的单位和个人,由市和区人民政府给予奖励。

第二章 水资源规划

第九条 市水务部门应当会同有关部门和区人民政府依据国家的流域综合规划编制本市区域综合规划,报市人民政府或者其授权的部门批准,并报国务院水务部门备案。

区区域综合规划,由各区水务部门会同有关部门依据本市区域综合规划编制,报同级人民政府或者其授权的部门批准,并报市水务部门备案。

市水务部门对备案的区区域综合规划进行审查,不符合全市区域综合规划的,送区人民政府依法修改。

第十条 水资源保护、供水、排水、节约用水、污水处理、再生水利用、雨水利用、灌溉等专业规划由市和区水务部门编制,征求有关部门意见后，报同级人民政府批准。

渔业、防沙治沙等其他专业规划由有关主管部门编制，征求水务部门和其他相关部门意见后，报同级人民政府批准。

第十一条 经批准的规划应当向社会公开。

水资源开发、利用、节约、保护以及城镇建设、经济开发区建设和其他重大建设项目的开发建设，必须符合流域综合规划和区域综合规划。

第十二条 建设水工程，必须符合流域综合规划。

在永定河、潮白河、北运河（含温榆河）和拒马河等跨省、市河流上建设水工程，未取得海河流域管理机构或者市水务部门按照管辖权限签署的符合流域综合规划要求的规划同意书的，建设单位不得开工建设。

在跨区的河流上建设水工程，未取得市

水务部门签署的符合流域综合规划要求的规划同意书的，建设单位不得开工建设；在其他河流上建设水工程，未取得区水务部门签署的符合流域综合规划要求的规划同意书的，建设单位不得开工建设。

水工程建设涉及防洪的，依照防洪法律法规的有关规定执行；涉及其他地区和行业的，建设单位应当事先征求有关地区和部门的意见。

第三章　水资源开发利用

第十三条　本市应当合理开发、利用地表水和地下水，充分利用雨水和再生水，优先保障城乡居民生活用水，统筹兼顾生态环境、工业、农业用水。

第十四条　本市采取有效措施，对建设耗水量大的工业和服务业项目加以限制。

第十五条　严格控制开采地下水。

地下水开发、利用应当遵循总量控制、分层取水、采补平衡的原则，防止超量开采造成地面沉降、塌陷等地质环境灾害。

第十六条　市水务部门应当会同有关部门按照区域或者自然地质单元，定期进行地下水分区评价，划分严重超采区、超采区和未超采区，报市人民政府批准后公布。

第十七条　开凿机井应当经水务部门批准。

凿井工程竣工后，机井使用单位应当将凿井工程的有关技术资料报水务部门备案。

第十八条　下列地区禁止开凿机井：

（一）地下水严重超采区；

（二）集中供水管网覆盖范围地区。

第十九条　下列地区严格限制开凿机井：

（一）地下水超采区；

（二）水厂核心区以外的水源保护区；

（三）水工程保护区；

（四）风景旅游区、文物保护区。

第二十条 严格限制开采基岩水。确需开采基岩水的，应当经市水务部门批准，并实行限量开采。

第二十一条 开采矿泉水、地热水实行特许经营。矿泉水、地热水的开采应当依照法律、法规规定，实行限量开采。

第二十二条 鼓励、支持单位和个人因地制宜，采取雨水收集、入渗、储存等措施开发、利用雨水资源。

新建、改建、扩建建设项目，应当符合雨水收集利用设施的设计标准和规范。

第二十三条 城镇地区和人口集中的农村地区应当规划建设污水集中处理设施和再生水输配水管线。

再生水输配水管线覆盖范围外的地区新建、改建、扩建的建设项目，可回收水量较大的，应当建设再生水利用设施，与建设工程同时设计、同时施工、同时投入使用。具体办法由市人民政府制定。

第二十四条 鼓励投资建设污水集中处理设施、再生水输配水管线和再生水利用设施。

单位和个人投资建设污水集中处理设施、再生水输配水管线和再生水利用设施的,享受有关优惠政策。

第二十五条 本办法第二十三条第二款规定应当建设再生水利用设施的,使用单位应当加强维护管理、正常使用。发生故障的,应当及时组织排除故障;确需停止使用的,应当及时报告水务部门。

第二十六条 鼓励使用再生水;使用再生水的,按照国家和本市有关规定享受优惠政策。

第二十七条 本市加强人工影响天气的科学研究和技术应用工作,运用科学技术措施对局部大气进行人工影响,增加水资源量。

第四章 水资源和水域的保护

第二十八条 各级人民政府应当采取有效措施,保护植被和湿地,建设生态公益林,防治水土流失和水体污染,涵养和保护水资源。

第二十九条 河流、湖泊、水库、渠道的水体实行分类管理。

跨省、市的河流、湖泊、水库、渠道的水功能区划,按照国家规定执行。市管水库和跨区的河流、湖泊、水库、渠道的水功能区划,由市生态环境部门会同市水务部门、其他有关部门和有关区人民政府编制,报市人民政府批准,并报国务院生态环境部门和水务部门备案。

前款规定以外的其他河流、湖泊、水库、渠道的水功能区划,由区生态环境部门会同同级水务部门和其他有关部门拟定,报区人民政府批准,并报市生态环境部门和市水务部门备案。

第三十条 各级人民政府应当按照有关法律、法规的规定,采取有效措施,加强对密云水库、怀柔水库、官厅水库及其上游、京密引水渠和其他饮用水水源地的保护管理,保证饮用水安全。

第三十一条 禁止在饮用水水源保护区内设置排污口。

向本市确定的风景观赏功能河道、排水功能河道排水的,水质必须达到国家规定的排放标准。

第三十二条 生态环境部门应当会同水务部门按照水功能区对水质的要求和水体的自然净化能力,核定水域的纳污能力,提出该水域的限制排污总量意见。

第三十三条 水务部门和生态环境部门应当做好河流、湖泊、水库、渠道的水量水质监测，发现重点污染物排放总量超过控制指标或者水功能区水质未达到水域使用功能对水质的要求的，应当及时报请有关人民政府采取治理措施。

水量水质监测结果应当按照有关规定向社会公开。

第三十四条　各级人民政府应当按照北京城市总体规划，建设市政基础设施，完善排水设施和污水处理设施，实现雨水、污水分流。

第三十五条　在河流、湖泊新建、改建或者扩大排污口的，由生态环境部门负责对建设项目的环境影响报告书进行审批。

已经实现截污的原有入河排污口，排污单位应当在规定的期限内封堵。

第五章　水资源配置

第三十六条　市发展改革部门和市水务部门负责全市水资源的宏观调配。

市和区的水中长期供求规划由水务部门依照《水法》的规定制订。

第三十七条　水务部门制订本行政区域的年度水量分配方案、调度计划以及水资源紧缺情况下的水量调度预案，报同级人民政府批准后执行。

第三十八条　市水务部门应当会同发展改革部门，根据全市水资源利用总量控制指标、经济技术条件等，制定年度生产生活用水计划及水资源配置方案，对全市的年度用水实行总量控制。

第三十九条　本市对纳入取水许可管理的单位和用水量较大的非居民用水户用水实行计划用水管理和定额管理相结合的制度。

第四十条　直接从河流、湖泊或者地下取用水资源的单位和个人，应当依法向水务部门申请领取取水许可证，缴纳水资源费，取得取水权。法律、行政法规另有规定的，从其规定。

新建、改建、扩建建设项目的建设单位申请取水许可，应当进行水资源论证。

第四十一条　取水应当计量，按量收取水资源费。

直接取用地表水或者地下水的用水单位，应当在取水口安装经市场监督管理部门检验合格的计量设施。无计量设施的，水务部门应当责令限期安装，并自取水之日起，按照工程设计取水能力或者取水设备额定流量全时程运行计算取水量。

第四十二条　水资源费由水务部门统一征收，上缴财政，用于水资源的开发、利用、节约、保护及相关科学技术的研究。

第六章　法律责任

第四十三条　水务部门或者其他有关部门以及水工程管理单位及其工作人员，有下列情形之一，构成犯罪的，对负有责任的主管人员和其他责任人员依法追究刑事责任；尚不够刑事处罚的，依法给予行政处分：

（一）对不符合法定条件的单位或者个人核发许可证、签署审查同意意见的；

（二）不按照水量分配方案分配水量或者不服从水量统一调度的；

（三）不按照国家有关规定收取水资源费的；

（四）不履行监督职责，或者发现违法行为不予查处，造成严重后果的；

（五）其他徇私舞弊、玩忽职守、滥用职权的行为。

第四十四条　违反本办法第十七条规定，未经批准开凿机井的，或者未依照批准的取水许可规定条件取水的，由水务部门责令停止违法行为，限期补办手续，并处二万元以上六万元以下的罚款；逾期不补办手续的，责令封井。

第四十五条 违反本办法第十八条规定，在禁止开凿机井的地区开凿机井的，由水务部门责令停止违法行为，限期封井，并处七万元以上十万元以下的罚款。

第四十六条 违反本办法第十九条规定，未经批准在严格限制开凿机井的地区开凿机井的，或者未依照批准的取水许可规定条件取水的，由水务部门责令停止违法行为，限期封井，并处五万元以上八万元以下的罚款。

第四十七条 违反本办法第二十条规定，未经批准开采基岩水的，或者未依照批准的取水许可规定条件取水的，由水务部门责令停止违法行为，并处六万元以上十万元以下的罚款。

第七章 附 则

第四十八条 本办法自 2004 年 10 月 1

日起施行。1991年9月14日北京市第九届人民代表大会常务委员会第二十九次会议通过的《北京市城市节约用水条例》、1991年11月9日北京市第九届人民代表大会常务委员会第三十次会议通过的《北京市水资源管理条例》、1992年5月29日北京市人民政府第12号令发布的《〈北京市水资源管理条例〉罚款处罚办法》、1992年10月20日北京市人民政府第15号令发布的《北京市农村节约用水管理规定》同时废止。

附件二

北京市节水行动实施方案

为贯彻落实党的十九大精神，大力推动全社会节水，全面提升水资源利用效率，形成节水型生产生活方式，保障首都水安全，促进高质量发展，根据《国家节水行动方案》及其相关分工方案，结合北京市实际，制定本实施方案。

一、重大意义

水是事关国计民生的基础性自然资源和战略性经济资源，是生态环境的控制性要素。北京是特大型缺水城市，节约用水是保障首都水安全的根本之策。多年来随着节水型社会建设的深入推进，节水优先、量水发展逐步得到落实，2019年，万元地区生产总值用水量、万元工业增加值用水量分别下降到11.78立方米、7.07立方米，农田灌溉水有效利用系数达到0.747，用水效率与效益显著提升，在全国处于先进水平。南水北调工程通水以来，在一定程度上缓解了北京水资源短缺的局面，但水资源供需矛盾仍未得到根本解决，水资源短缺仍将是我市必须长期面对的基本市情水情，是生态文明建设和经济社会可持续发展的"瓶颈"。因此，必须从加快生态文明建设和国际一流和谐宜居之都建设的战略高度，认识节水的重要性，大力推进生活、农业、工业、园林绿化、公共服务等领域节水，切实提高水资源利用效率，形成全社会节约用水的良好风尚。

二、总体要求

（一）指导思想

以习近平新时代中国特色社会主义思想为指导，全面贯彻党的十九大和十九届二中、三中、四中全会精神，深入贯彻落实习近平生态文明思想和习近平总书记对北京重要讲话精神，坚持节水优先方针，按照"以水定城、以水定地、以水定人、以水定产"的城市发展原则，认真落实《北京城市总体规划（2016年—2035年）》，大力实施节水行动，有序推进节水型社会建设，营造有利于节约用水的政策、制度和社会环境，引导全社会科学用水，践行资源节约、环境友好的绿色生产生活方式，把节水贯穿到经济社会发展全过程和各方面，为建设国际一流和谐宜居之都开文明之风、创时代之作。

（二）基本原则

加强领导，社会共治。各级党委和政府加强对节水工作的领导，做到"三管齐下、五个杜绝、三个精准"，建立节约用水奖励制度及浪费用水行为责任追究制度，动员全社会开展深入、持久、自觉的节水行动。

行业约束，科技支撑。各行业要强化行业约束，加强用水管控，推广先进适用节水技术与工艺，推动建立节水型生产方式、生活方式和消费模式。

政策引导，两手发力。建立健全节水政策法规体系，完善市场机制，推动市场在水资源优化配置中发挥更大作用，同时，更好发挥政府调控作用，激发全社会节水内生动力。

（三）主要目标

到 2020 年，节水型区创建工作全面完成，全市新水用量控制在 31 亿立方米以内；再生水利用量达到 12 亿立方米；万元地区生产总值用水量、万元工业增加值用水量较 2015 年均降低 15%，工业用水重复利用率达到 95% 以上，农田灌溉水有效利用系数达到 0.75，城市公共供水管网漏损率控制在 10% 以内。

到 2022 年，节水型生产和生活方式初步建立，非常规水资源利用占比进一步增大，用水效率和效益显著提高，全社会节水意识明显增强。万元地区生产总值用水量、万元工业增加值用水量较2015年分别降低20%和28%，农田灌溉水有效利用系数保持在0.75以上。

到2035年，节水型生产和生活方式基本建成，构建完善的水价激励和约束机制，建立良性自我运行的节水内生动力机制，节水护水惜水成为全社会自觉行动，全市新水用量控制在40亿立方米以内，主要节水指标达到国际领先水平，形成水资源利用与发展规模、产业结构和空间布局等相适应的现代化新格局。

三、重点行动

（一）总量强度双控

1. 强化指标刚性约束。健全分区域、分行业的用水总量、用水强度控制指标体系，明确节水主体责任，强化用水管理。削减地下水开采量，限期置换自来水管网覆盖范围内的自备井，实现采补平衡。建立和完善本市主要工业产品、生活服务业和农作物的先进用水定额体系。

2. 严格用水全过程管理。严控水资源开发利用强度，严格实施规划和建设项目水影响评价、节水"三同时"、取水许可等制度。科学制定全市年度用水计划，并逐级分解下达到区、乡镇（街道）、村庄（社区）。根据年度用水计划、相关行业用水定额和用水单位的生活、生产经营需要，核定下达用水指标到用水单位，严格落实"单月预警、双月考核"及非居民用水超计划累进加价制度。

3. 强化节水监督考核。逐步建立节水目标责任制，将用水计划和用水效率的主要指标纳入经济社会发展综合评价体系，落实最严格水资源管理制度考核。建立用水分析制度，每半年对用水量增长较大或超出用水计划的行业主管部门、乡镇（街道）、用水单位，进行通报或约谈。继续将用水总量作为约束性指标纳入政府绩效考核。到2020年，建立水资源督察和责任追究制度。

（二）农业节水增效

4. 大力推进节水灌溉。按照"细定地、严管井、上设施、增农艺、统收费、节有奖"原则，继续发展"两田一园"高效节水灌溉。

5. 优化调整作物种植结构。积极组织耐旱、节水、优质、高效作物品种选育和示范推广，因地制宜发展旱作雨养农业和实施休耕轮作。探索农艺节水措施，推广水肥一体化、农机深松、高效智能灌溉等节水技术，示范带动农业节水技术水平。

6. 推广畜牧渔业节水方式。实施规模养殖场节水改造，推行先进适用的节水型畜禽养殖方式，推广节水型饲喂设备、机械干清粪等技术和工艺、渔业应用池塘工程化循环水等养殖技术。

（三）公共服务降损

7. 提升公共服务领域用水效率。推动公共服务机构开展水平衡测试等节水诊断，推广应用节水新技术、新工艺和新产品。交通客运站、综合性购物中心、星级宾馆、医院、学校等公共机构带头使用节水产品，逐步实现节水器具"全覆盖"，主要用水部位张贴节水宣传标识，发挥行业特点主动开展节水宣传。

8. 进一步降低供水管网漏损。继续实施供水管网更新改造工程，全面推广供水管网独立分区计量（DMA）、用水户分用途计量管理，完善供水管网检漏制度，健全精细化管理平台和漏损管控体系，有效降低管网漏损。推进二次供水设施改造和专业化管理。城市公共供水管网漏损率控制到10%以内。

9. 严控高耗水服务业用水。加强对洗

浴、洗车、高尔夫球场、滑雪场、洗涤等行业用水的监管力度,从严控制用水计划。洗车、高尔夫球场等积极推广循环用水技术、设备与工艺,优先利用再生水、雨水等非常规水源。

(四) 绿化节水限额

10. 推进园林绿化精细化用水管理。加强对公共绿地、园地、林地、湿地等园林绿化的基础信息调查,建立园林绿化详细名录,将用水计划指标落实到管理单位,配套完善用水计量设施,加快实现用水"全计量"、"全收费",严控用水计划。园林绿化选用耐旱、节水、环境适应能力强的树木、花草品种,因地制宜建设微灌、喷灌等高效节水灌溉设施。

11. 加大园林绿化非常规水利用。加大再生水、雨洪水、河湖水利用的推广力度,加强集雨型绿地建设,研究利用绿地、林地等地下空间建设雨水、再生水灌溉储水池的可行性，园林绿化用水逐步退出自来水及地下水灌溉。

(五) 工业节水减排

12. 优化调整产业结构。严格执行《北京市新增产业禁止和限制目录》，持续开展疏解整治促提升专项行动，推进退出一般性制造产业。

13. 大力推进工业节水改造。完善取供用水计量体系和在线监测系统。推广高效冷却、洗涤、循环用水、废污水再生利用、高耗水生产工艺替代等节水工艺和技术。加强对工业行业取用水定额标准的量化监督考核，支持企业开展节水技术改造，重点企业要定期开展水平衡测试、用水审计及水效对标，对超过取水定额标准的企业，要限期实施节水改造。

14. 积极推行水循环梯级利用。推进现

有企业和园区开展以节水为重点内容的绿色高质量转型升级和循环化改造，加快节水及水循环利用设施建设，新建企业和园区要统筹供排水、水处理及循环利用设施建设，推动企业间的用水系统优化集成，促进企业间串联用水、分质用水，实现一水多用和循环利用。加快推动"三城一区"节水标杆园区创建。

（六）建筑节水控量

15. 加强施工现场用水管理。施工单位应充分考虑非常规水利用，制定工程节水和水资源利用措施。建立住房城乡建设、水务部门联合执法检查机制，发现施工现场存在水资源浪费行为，依法处罚并督促施工单位进行整改。

16. 严格限制施工降水。积极采取帷幕隔水等新技术、新工艺，限制建筑工程施工降水，确需降水的应编制施工降水方案、地下水回补及利用方案，经专家论证通过并取得排水许可后方可实施，降水阶段排出的地下水应按规定交纳水资源税。

（七）教育节水引导

17. 强化校园节水文化培育。坚持教育先行，学校要将节水纳入幼儿园及大中小学教育范畴，加强市情水情教育，普及节水知识，开展节水宣传，引领带动家庭及全社会节约用水。鼓励建立节水社团，推选"节水大使"，开展暑期节水社会实践等活动。

18. 创新高校综合节水模式。充分发挥高校技术人才优势，积极开展节水设计、改造、计量和咨询等创新活动，推广合同节水新模式，有效提升学校节水水平，并对全社会节水发挥引领带动作用。

（八）非常规水挖潜

19. 提升再生水及雨水利用水平。加强再生水、雨水等非常规水的多元、梯级和安全利用，因地制宜完善再生水管网及加水站点、雨水集蓄利用等基础设施。住宅小区、单位内部的景观环境用水和其他市政杂用用水，应当使用再生水或者雨水，不得使用自来水。到 2020 年，再生水利用量达到 12 亿立方米，到 2022 年，再生水等非常规水利用水平进一步提高。

20. 加强"海绵城市"建设。实施海绵城市建设分区管控策略，综合采取渗、滞、蓄、净、用、排等措施，加大降雨就地消纳和利用比重。到 2020 年，20％以上的城市建成区实现降雨 70％就地消纳和利用。到 2022 年，30％以上的城市建成区实现降雨 70％就地消纳和利用。

（九）节水载体创建

21. 开展节水型区复验。在全市 16 个区全部完成节水型区创建的基础上，建立"一年一评估、三年一复验"的动态管理机制，科学优化节水型区建设指标,抓好节水型区复验监管工作。

22. 加强节水型村庄(社区)创建。结合美丽乡村建设,加快生活供水设施及配套管网建设、改造,结合农村"厕所革命"和老旧小区改造,推广使用节水器具,推动用水计量收费。到2022年,节水型村庄(社区)覆盖率达到40%。

23. 推进节水型单位创建。统筹建立中央驻京单位、部队和各行业主管部门节水工作协调管理机制,加大节水型企业(单位)创建力度,树立一批节水典型并进行示范推广。2021年底前,全市水务系统机关及事业单位、供排水企业率先完成节水型行业创建;到2022年,所有市直机关及60%以上市属事业单位建成节水型单位,70%普通高等学校建成节水型高校。

(十) 科技创新引领

24. 加快关键技术装备研发。依托首都科技人才优势，推动节水技术与工艺创新，瞄准世界先进技术，重点加强取用水精准计量、水资源高效循环利用、用水过程智能管控、精准节水灌溉控制、管网漏损智能监测、非常规水利用等先进适用技术、设备研发。

25. 促进节水技术推广。建立"政产学研用"深度融合的节水技术创新体系，拓展节水科技成果及先进节水技术工艺推广渠道，加快节水科技成果转化，逐步推动节水技术成果市场化。

26. 开展技术交流合作。加强与节水先进的国家和地区开展技术合作与交流，引进相关技术和装备，不断提升节水技术水平。

四、深化体制机制改革

(一) 政策制度推动

1. 全面深化水价改革。健全充分反映供

水成本、激励提升供水服务质量、促进节约用水的城镇供水价格形成机制和动态调整机制，适时完善居民阶梯水价制度，全面推行城镇非居民用水超定额累进加价制度。深入推进农业水价综合改革，按照"两田一园"高效节水相关政策，健全农业用水精准补贴及节水考核奖励机制。适时调整再生水价格，鼓励扩大再生水使用范围。

2.加强用水计量统计。全面实施在线计量管理，完善北京市节约用水管理平台，用水量统计分析到乡镇（街道）和村庄（社区）。实施计量设施量值溯源管理，保障计量数据准确。

3.强化节水监督管理。严格实行计划用水监督管理，对重点领域、行业、产品进行专项检查。探索建立用水审计制度，鼓励年用水总量超过10万立方米的企业或园区设立水务经理。进一步健全重点监控用水单位名录,到2022年,将年用水量50万立方米以上的工业和服务业用水单位全部纳入重点监控用水单位名录。

4. 健全节水标准体系。按照"统一部署、行业牵头、统筹发布"的工作思路,建立由水务部门、市场监督管理部门统筹,各行业主管部门具体落实的节水标准制修订机制,根据用水总量控制与用水效率控制红线,实施"百项节水标准工程",构建覆盖服务业、工业、农业、园林绿化等领域的先进用水定额和满足节水基础管理、节水评价的节水标准体系。

(二)市场机制创新

5. 落实水效标识管理。落实生活用水产品水效标识,强化市场监督,加大专项检查抽查力度,淘汰水效等级较低产品,对水效标识不实的厂家,依法查处向社会公开处罚结果。

6. 实施水效领跑。积极引导用水产品、用水企业和公共机构参与水效领跑者引领行动，树立节水先进标杆，鼓励开展水效对标达标活动。按照国家要求做好相关领域水效领跑者申报、初评工作，加快推出水效领跑者企业和公共机构典型。

五、保障措施

（一）加强组织领导。加强党对节水工作的领导，将节水作为党建引领"街乡吹哨、部门报到"与"河长制"的重要内容。各区委、区政府，各行业主管部门对本辖区、本行业节水工作负总责，按照"管理生产必须管节水、管理行业必须管节水、管理城市运行必须管节水"的要求，分别制定节水行动措施和年度实施计划，确保节水行动各项任务顺利完成。

（二）推动法治建设。加快推动地方立

法,力争 2022 年出台《北京市节约用水条例》。健全部门联合执法机制,加大节水执法力度。

(三)加大节水投入。建立节水投资保障机制,将各部门、各单位年度节水工作纳入部门预算安排。充分利用国家节水、节能、环保补贴政策,并通过合同节水、PPP 等模式拓宽投融资渠道,争取更多的资金、资本投入节水型社会建设。

(四)健全节水奖励机制。在节水型区建设、节水载体创建、农业"两田一园"节水、水效领跑等方面,建立节水奖励机制,针对用水单位节水情况建立具体奖励措施,并对节水工作作出突出贡献的单位和个人予以表彰。

(五)提升节水意识。各区委、区政府,各行业主管部门要常态化开展节水宣传工作,在文化旅游、交通运输、城市管理等人流密集场所大力开展节水宣传，电视、广播、网络等媒体要广泛倡导节水护水绿色生活理念，扩大宣传能见度和影响力，营造节约用水的良好社会氛围，提高全民节水意识。

附件三

北京市节水条例

目　　录

第一章　总则

第二章　规划与建设管控

第三章　全过程节水

第一节　取水过程节水

第二节　供水过程节水

第三节　用水过程节水

第四节　非常规水源利用

第四章　保障与监督管理

第五章　法律责任

第六章　附则

第一章　总　　则

第一条　为了推动全社会节水，提高水资源利用效率，形成节水型生产生活方式，保障水安全，促进经济社会高质量发展，根据《中华人民共和国水法》等法律、行政法规，结合本市实际情况，制定本条例。

第二条 本市行政区域内取水、供水、用水、排水及非常规水源利用全过程节水及其监督管理活动，适用本条例。

本条例所称节水，是指统筹生产、生活、生态用水，采取工程、管理、技术、经济等措施，控制用水总量，提高用水效率，扩大非常规水源利用，降低水资源消耗和损失，节约集约利用水资源的活动。

第三条 节水工作应当严格贯彻节水优先、空间均衡、系统治理、两手发力的治水思路，将水资源禀赋和承载能力作为经济社会发展的刚性约束条件，以水定城、以水定地、以水定人、以水定产，优化城乡空间布局和产业结构，严格控制人口规模，严格限制建设高耗水项目，落实最严格水资源管理制度。

节水工作应当遵循统一规划、总量控制、

合理配置、高效利用、循环再生、分类管理的原则，建立政府主导、部门协同、行业管理、市场调节、公众参与的节水工作机制。

第四条　市、区人民政府应当加强对节水工作的领导，将节水工作纳入国民经济和社会发展规划和计划，制定节水政策措施，建立健全节水考核评价制度，推动农业节水增效、工业节水减排、城镇节水降损和污水资源化利用。

街道办事处和乡镇人民政府应当做好本辖区的节水工作，发现违反本条例的行为，应当予以制止，并向有关部门报告。

居民委员会、村民委员会协助街道办事处和乡镇人民政府开展节水相关工作。鼓励居民委员会、村民委员会将节水行为规范纳入居民公约、村规民约。

第五条　市、区水务部门负责本行政区域内节水工作的组织、协调、指导、监督。

发展改革、教育、财政、规划自然资源、生态环境、经济和信息化、住房城乡建设、卫生健康、市场监督管理、城市管理、农业农村、商务、广电、园林绿化、税务等有关部门按照职责分工做好相关的节水工作。

第六条　各级人民政府及有关部门应当加强水情、节水法律法规、节水知识的宣传教育，组织节水实践活动，开展世界水日、中国水周等主题宣传，增强全社会节水意识，营造人人参与节水的良好氛围。

第七条　任何单位和个人都有节水的义务。

本市对在节水工作中做出突出贡献的单位和个人，按照国家和本市有关规定给予表彰奖励。

第二章　规划与建设管控

第八条　市水务部门应当会同发展改革

部门依据国家水资源配置方案和北京城市总体规划、国民经济和社会发展规划、水资源规划等，每五年组织制定全市水资源利用总量控制指标，明确水资源配置总量、水源构成、生产生活用水总量和河湖生态用水配置量等指标，报市人民政府批准后组织实施。

水务部门应当会同发展改革部门根据全市水资源利用总量控制指标、经济技术条件等，制定年度生产生活用水计划及水资源配置方案，报本级人民政府批准后组织实施。

第九条　市水务部门应当根据经济社会发展状况、水资源条件和节水工作需要组织编制全市节水规划，报市人民政府批准后组织实施；区水务部门应当依据全市节水规划，组织编制本区节水规划，报区人民政府批准后组织实施，并报市水务部门备案。经批准的节水规划不得擅自调整或者变更，确需调整或者变更的，应当经原批准机关批准。

第十条　本市建立水资源储备制度。

市水务部门应当会同发展改革、规划自然资源等部门根据气候状况、水资源条件等，确定水资源储备空间和储备水量，报市人民政府批准后组织实施。

水务部门应当会同规划自然资源、生态环境等部门采取河湖生态补水、水源置换、人工回灌补给等措施，建设海绵城市，逐步涵养地下水水源。

第十一条　编制分区规划、控制性详细规划和乡镇域规划、村庄规划等国土空间规划，编制部门应当进行水资源论证，将水资源条件作为城乡规划建设的刚性约束条件，明确区、街道、乡镇和村庄用水总量、节水措施和供排水等条件，并按照国家规定由水务部门组织技术审查。

编制国民经济和社会发展相关的农业、园林绿化、工业等需要进行水资源配置的专项规划、重大产业布局和开发区规划，以及涉及大规模用水或者实施后对水资源水生态造成重大影响的其他规划，编制部门应当进行水资源论证，明确用水总量和节水措施，并按照国家规定由水务部门组织技术审查。

第十二条　市水务、市场监督管理部门应当根据节水工作需要，组织有关行业主管部门制定和完善节水相关地方标准。

第十三条　本市相关行业产品生产和服务的用水定额由市有关行业主管部门组织编制，报市水务部门和市场监督管理部门审核同意；无行业主管部门的，由市水务部门会同市场监督管理部门组织编制。行业用水定额由市人民政府批准后向社会公布。

行业用水定额应当根据本市经济社会发展水平、水资源条件、供水能力、产业结构变化和产品技术进步等情况，适时进行评估和修订。

第十四条　市水务部门应当会同经济和信息化、商务等部门依照首都城市战略定位及水资源状况，制定本市高耗水工业和服务业行业目录。

市发展改革等部门拟订本市新增产业禁止限制目录应当将本市高耗水工业和服务业行业目录作为重要参考。

第十五条　新建、改建、扩建建设项目依法需要进行水资源论证、水土保持方案编制、洪水影响评价的，应当依法办理。

水务部门应当加强对新建、改建、扩建建设项目的分级分类管理，简化审批程序，对水资源论证、水土保持方案编制、洪水影响评价事项，具备条件的可以合并编制、办理，并统称为水影响评价。

第十六条　新建、改建、扩建建设项目，应当制订节水措施方案，配套建设节水设施，并将建设资金纳入项目总投资。节水设施应当与主体工程同时设计、同时施工、同时投入使用。规划设计单位应当按照国家和本市的节水标准和规范进行节水设施设计,并单独成册。

建设项目产权单位应当将已建成的再生水回用设施和雨水收集利用设施等节水设施情况报水务部门备案。

水务、规划自然资源、住房城乡建设等部门应当加强对节水设施设计、施工、验收的指导服务和监督检查。

第三章 全过程节水

第一节 取水过程节水

第十七条 本市统筹生产、生活、生态用水,实行多水源优化配置,优先满足城乡居民生活用水需求,鼓励利用雨水、再生水等非常规水源,合理开采地下水。

第十八条 直接从河流、湖泊或者地下

取水的单位和个人,依法需要申请取水许可的,应当向水务部门申请。

取水单位和个人应当按照取水许可规定条件取水,准确计量,加强取水、输水工程设施管理维护,严格控制取水、输水损失。

取水许可有效期届满需要延续的,取水单位和个人应当依法提出延续申请。有效期届满未提出延续申请或者延续申请未获得批准的,水务部门依法注销取水许可证。

第十九条　地下工程建设、矿产资源开采疏干排水的,应当依照取水管理、地下水管理有关法律法规办理取水许可。疏干排水应当优先利用,无法利用的应当达标排放。

为保障地下工程施工安全和生产安全必须进行临时应急取(排)水的,不需要申请取水许可。取(排)水单位和个人应当于临时应急取(排)水结束后五个工作日内,向水务部门备案。

第二节 供水过程节水

第二十条 供水单位应当按照本市水资源调配工作要求，开展地下水水源置换，扩大地表水供水范围，限制开采地下水。

供水单位应当采用先进的制水技术、工艺和设备，提高制水效率和质量，回收利用工艺尾水，不得将尾水直接排入污水管网，制水损耗应当符合国家和本市有关规定。

第二十一条 新建、改建、扩建供水管网应当采用先进工艺和材质。

供水单位应当按照国家和本市有关规定对供水管网进行巡护、检查、维修、管理，并如实记录有关情况，应用先进技术手段提高供水管网安全监测及维护管理水平，减少破损事故发生，控制管网漏损。公共供水管网漏损率应当符合国家和本市有关规定。

供水单位应当及时回应12345市民服务热线等诉求，向社会公布抢修电话，发现漏损或者接到漏损报告时及时抢修。

第二十二条 供水管网超过使用年限或者工艺、材质不合格的，市、区人民政府应当制定改造计划，组织供水单位、物业服务人、用水户等有关单位和个人实施。

第二十三条 供水单位应当遵守下列规定：

（一）明确负责节水工作的机构或者人员，建立节水管理制度，确定节水目标；

（二）取水、供水过程安装水计量设施，建立健全水计量设施信息台账。具备智能远传条件的，安装在线远传水计量设施，并与水务部门数据共享；

（三）建立用水户及其用水信息数据库，并与水务等部门数据共享；

（四）按照国家和本市有关规定收费。

第二十四条 水务部门应当会同有关部门建立健全供水单位节水工作考核制度，将制水损耗、公共供水管网漏损率、信息共享与公开等纳入考核内容，考核结果作为节水工作奖励的参考。

第二十五条　新建、改建、扩建建设项目开工前，建设单位或者施工单位应当向供水单位查明地下供水管网情况，供水单位应当及时、准确提供相关情况。

施工影响公共供水管网安全的，建设单位或者施工单位应当与公共供水单位商定并采取相应的保护措施，由施工单位负责实施。

第三节　用水过程节水

第二十六条　本市对用水户实行分类管理，按照用水性质分为居民用水户、非居民用水户。

用水应当计量、缴费。

第二十七条　市发展改革部门应当会同财政、经济和信息化、城市管理、水务、园林绿化、农业农村、税务等部门根据经济社会发展状况、水资源条件、用水定额标准、供水成本、用水户承受能力等因素，建立健全有利于促进节水的差异化水价制度，完善水价形成机制，引导和促进全社会节水。

城镇居民生活用水和纳入城镇公共供水范围的农村生活用水实行阶梯水价，非居民用水实行超定额累进加价，特殊用水行业用水实行特殊水价。

第二十八条 居民用水户应当自觉遵守下列规定：

（一）了解水情水价，增强节水意识；

（二）学习节水知识，掌握节水方法，培养节水型生活方式；

（三）选用节水型生活用水器具并保障良好运行，不购买国家明令淘汰的落后的、耗水量高的设备和产品；

（四）积极配合节水改造，发现跑冒滴漏等情况及时维修。

居民生活用水确需变更为非居民用水的，居民用水户应当及时向供水单位报告，纳入非居民用水户管理，单独计量、缴费。

农村生活用水应当安装、使用水计量设施，不得免费供水或者实行包费制。

第二十九条　非居民用水户应当按照规定向供水单位提供基本信息、用水信息，并按照登记的用水性质用水，遵守定额管理、计划用水管理等制度，按时足额缴费。

本市对纳入取水许可管理的单位和用水量较大的非居民用水户用水实行计划用水管理和定额管理相结合的制度。水务部门按照年度生产生活用水计划、行业用水定额和用水户用水情况核算下达用水指标；无行业用水定额的，参照行业用水水平核算下达用水指标。用水可能超出用水指标时，水务部门应当给予警示；超出用水指标百分之二十的，水务部门应当督促、指导。具体办法由市水务部门会同发展改革、财政、税务等部门制定，报市人民政府批准后组织实施。

园林绿化、环境卫生、建筑施工等需要临时用水的，应当向水务部门申请临时用水指标。

第三十条　非居民用水户应当遵守下列规定：

（一）明确负责节水工作的机构或者人员；

（二）建立健全节水管理制度，开展节水宣传教育和培训，建设节水型单位；

（三）创造条件利用雨水、再生水等非常规水源；

（四）开展内部用水情况统计，实行两类以上不同用途用水分类装表计量和分级装表计量，加强水计量设施运行维护，建立用水台账；

（五）改造或者更换国家明令淘汰的落后

的、耗水量高的技术、工艺、设备和产品；

（六）加强取用水设施设备的运行维护，保障节水设施正常运行，防止发生跑冒滴漏等情况。

第三十一条 非居民用水户应当按照国家和本市有关规定开展水平衡测试或者用水分析，并根据测试或者分析结果改进用水方式或者生产技术、工艺、设备和产品等。

第三十二条 禁止产生或者使用有毒有害物质的单位将其生产用水管网与供水管网直接连接；禁止将再生水、供暖等非饮用水管网与供水管网连接；禁止将雨水管网、污水管网、再生水管网混接。

禁止破坏或者损坏供水管网、雨水管网、污水管网、再生水管网及其附属设施。

第三十三条 市农业农村、园林绿化部门应当会同有关部门调整农业生产布局和林、牧、渔业用水结构，推进用水计量管理。

区人民政府应当根据本行政区域内的水资源状况，指导农业生产经营单位和个人合理调整农作物种植结构，发展高效益节水型农业，鼓励种植抗旱节水型农作物。

第三十四条 种植业应当采取管道输水、渠道防渗、喷灌、微灌等先进的节水灌溉方式，提高用水效率；鼓励非食用农产品生产使用再生水；养殖业应当使用节水器具。

第三十五条 园林绿化部门应当选择节水耐旱植物品种，优先使用雨水、再生水等非常规水源，逐步减少使用地下水、自来水。

园林绿化用水应当采用喷灌、微灌等节水灌溉方式；不具备节水灌溉条件的，应当采取其他节水措施，并有计划地组织开展节水改造。造林项目抚育期满后，由水务部门根据实际情况核算下达用水指标。

住宅小区、单位内部的景观用水禁止使用地下水、自来水。

第三十六条　工业用水应当采用先进技术、工艺、设备和产品，增加循环用水次数，提高水的重复利用率。水的重复利用率应当达到强制性标准。未达到强制性标准的，应当及时进行技术改造。

本市严格限制以水为主要原料的生产项目。对已有的以水为主要原料的生产企业，不再增加用水指标。纯净水生产企业产水率应当符合国家和本市有关规定。

以水为主要原料生成高纯度试剂的单位，应当采用节水型生产技术和工艺，减少水资源的损耗，回收利用生产后的尾水。

现场制售饮用水的单位和个人应当按照有关标准规范，安装尾水回收设施，对尾水进行利用，不得直接排放尾水，并依照本市有关规定向设施所在地卫生健康部门备案。

第三十七条　服务业用水单位应当制定并落实节水措施，按照规定安装、使用循环用水设施。

本市严格限制高尔夫球场、高档洗浴场所等高耗水服务业发展。高尔夫球场、人造滑雪场等高耗水服务业应当充分使用雨水、再生水等非常规水源。

第三十八条　提供洗车服务的用水户应当建设、使用循环用水设施，并向水务部门报送已建成循环用水设施的登记表；位于再生水输配管网覆盖范围内的，应当使用再生水，并按照要求向水务部门提供再生水供水合同。

第三十九条　任何单位和个人不得从园林绿化、环境卫生、消防等公共用水设施非法用水。

园林绿化、环境卫生、消防等公共用水设施的管理责任人应当加强日常巡查和维护管理，采取有效措施保障正常运行，防止水的渗漏、流失；发现浪费用水或者非法用水的，有权予以劝阻、制止；对劝阻、制止无效的，应当及时向水务部门报告。

第四十条　国家机关及使用财政性资金的事业单位、团体组织等应当加强内部节水管理，厉行节约，杜绝瓶装饮用水浪费等现象，带头使用节水产品和设备，建设节水型单位。

第四十一条　因重大或者特别重大突发事件影响正常供水的或者用水量达到日供水能力百分之九十时，经市人民政府批准，可以采取限制性用水措施。

第四节　非常规水源利用

第四十二条　水务部门应当组织再生水供水单位依据北京城市总体规划及相关专项规划，加快再生水管网建设，扩大再生水利用。

水务部门应当定期公布再生水输配管网覆盖范围和加水设施位置分布。

第四十三条　再生水输配管网覆盖范围内的用水户，符合下列情形之一的，应当使用再生水：

（一）园林绿化、环境卫生、建筑施工等行业用水；

（二）冷却用水、洗涤用水、工艺用水等工业生产用水；

（三）公共区域、住宅小区和单位内部的景观用水；

（四）降尘、道路清扫、车辆冲洗等其他市政杂用水。

具备再生水利用条件的非居民用水户，水务部门应当将再生水用量纳入其用水指标，同步合理减少其地下水、自来水的用水指标。

第四十四条　鼓励非居民用水户收集、循环使用或者回收使用设备冷却水、空调冷却水、锅炉冷凝水，循环利用率不低于国家和本市规定的标准。

第四十五条　新建、改建、扩建建设项目应当依照水土保持相关法律法规的有关规定配套建设雨水收集利用设施；鼓励已建成的工程项目补建雨水收集利用设施。

鼓励农村地区单位和个人因地制宜建设雨水收集利用设施。

第四章　保障与监督管理

第四十六条　市、区人民政府应当统筹财政、政府固定资产投资等相关资金，支持节水型社会建设、节水技术科研、农业节水技术推广、工业和服务业节水技术改造、地下水超采区综合治理、公共供水管网漏损控制、再生水利用等。

市、区人民政府及其有关部门应当制定鼓励合同节水管理的措施，在公共机构、公共建筑、高耗水工业和服务业、公共供水管网漏损控制等领域加以引导和推动。

鼓励和支持政府和社会资本合作项目，鼓励和引导社会资本参与节水项目建设和运营，鼓励金融机构对节水项目给予支持。

第四十七条　本市依照国家有关规定推进用水权改革，探索对公共供水管网内符合条件的用水户明晰用水权，依法进行交易。

第四十八条　鼓励和支持高等院校、科研院所、企事业单位、社会组织和个人开展先进适用的节水技术、工艺、设备和产品的研究开发和推广应用，培育和发展节水产业，充分发挥节水科技创新的支撑作用。

实行水效标识管理的产品生产者、销售者应当依法在产品及其包装物、说明书、网络商品交易主页等部位标注或者展示水效标识，对其准确性负责。禁止销售应当标注而未标注水效标识的产品，禁止伪造、冒用水效标识。

第四十九条　鼓励节水服务产业发展，

支持节水服务企业与用水户签订节水管理合同，提供节水诊断、募集资本、技术改造、运行管理等服务，并可以节水效益分享等方式回收投资和获得合理利润。

支持节水服务企业开展节水咨询、设计、检测、认证、审计、水平衡测试、技术改造、运行管理等服务，提高节水服务市场化、专业化、规范化能力，改善服务质量。

第五十条　水务部门应当会同有关部门组织编制分类节水指南、制作宣传片等节水宣传材料，开展节水型社会、节水型城市建设，推广节水典型经验，普及科学的节水理念和方法。

国家机关和学校、医院、宾馆、车站、机场、公园等公共场所管理者、公共交通工具经营者应当在显著位置设置节水提示和宣传标识，加强节水宣传。

教育部门、学校、幼儿园应当将节水知

识纳入教育、教学内容，对学生进行节水宣传教育。

广播、电视、报刊、互联网等新闻媒体应当加强节水公益宣传和舆论监督。

第五十一条　鼓励和支持供水单位、非居民用水户、居民委员会、村民委员会、物业服务人、农村管水组织、城镇供水协会、排水协会等组织开展节水宣传教育和培训等活动，健全节水社会化服务体系。

第五十二条　供水单位、用水户应当依法使用经检定合格的水计量设施（含远传水计量设施），并保持正常使用；不得擅自停止使用或者拆除水计量设施，不得破坏其准确度。

第五十三条　水务部门应当会同有关部门加强节水工作信息化建设，提升节水信息收集、传输、处理和利用的技术水平。

第五十四条　水务部门及有关部门应当

依法履行节水监督管理职责，加强对纳入取水许可管理的单位、用水量较大的非居民用水户、特殊用水行业的日常监测和监督管理，对发现的浪费用水行为及时处理；需要有关部门配合的，应当实行联合检查。

第五十五条 水务部门的综合行政执法队伍履行节水监督检查职责，有权采取下列措施：

（一）进入现场开展检查，调查了解有关情况；

（二）要求被检查单位或者个人就节水有关问题作出说明；

（三）要求被检查单位或者个人提供有关文件、证照、资料，并有权复制；

（四）责令被检查单位或者个人停止违法行为，履行法定义务。

水务执法人员履行节水监督检查职责，应当主动出示行政执法证件。

有关单位或者个人应当配合节水监督检查工作，如实提供有关资料和情况，不得拒绝、拖延或者谎报情况，不得妨碍监督检查人员依法履行职责。

第五十六条　鼓励单位和个人向水务部门举报违反本条例的行为，水务部门接到举报后应当及时调查处理，并为举报人保密。

水务部门应当公布举报电话、信箱或者电子邮件地址，受理举报。对举报属实、提供主要线索和证据的举报人给予奖励。

第五十七条　水务部门应当会同有关部门建立节水信用管理制度，依法将对单位和个人的行政处罚信息等纳入本市公共信用信息平台；对严重浪费用水的，可以通过媒体曝光。

第五章　法　律　责　任

第五十八条　违反本条例第二十一条第

二款规定，供水单位未按照国家和本市有关规定对供水管网进行巡护、检查、维修、管理的，由水务部门责令限期改正，给予警告；逾期不改正的，处一万元以上十万元以下罚款；造成严重后果的，处十万元以上五十万元以下罚款。

第五十九条 违反本条例第二十五条第二款规定，建设单位或者施工单位未与公共供水单位商定并采取相应的保护措施的，由水务部门责令限期改正，给予警告；逾期不改正的，处二万元以上五万元以下罚款。

第六十条 违反本条例第二十八条第二款规定，居民生活用水变更为非居民用水未及时向供水单位报告的，由水务部门责令限期改正，按照相应的水价限期补缴水费；逾期不改正的，处应补缴水费一倍以上三倍以下罚款。

违反本条例第二十八条第三款规定，农

村生活用水免费供水或者实行包费制的，由水务部门责令限期改正，给予警告；逾期不改正的，可以按照每户二百元以上五百元以下的标准处以罚款。农村生活用水未安装、使用水计量设施的，由乡镇人民政府责令限期改正。

第六十一条 违反本条例第二十九条第三款规定，用水单位未依法取得临时用水指标擅自用水的，由水务部门责令限期改正，处二万元以上十万元以下罚款。

第六十二条 违反本条例第三十条第六项规定，非居民用水户未保障节水设施正常运行，造成浪费用水的，由水务部门责令限期改正；逾期不改正的，处五万元以下罚款。

第六十三条 违反本条例第三十二条第一款规定，有下列行为之一的，由水务部门责令停止违法行为，限期恢复原状或者采取其他补救措施并承担相关费用，对单位处五

万元以上十万元以下罚款,对个人处一万元以上五万元以下罚款:

(一)产生或者使用有毒有害物质的单位将其生产用水管网与供水管网直接连接的;

(二)将再生水、供暖等非饮用水管网与供水管网连接的;

(三)将雨水管网、污水管网、再生水管网混接的。

违反本条例第三十二条第二款规定,破坏或者损坏供水管网、雨水管网、污水管网、再生水管网及其附属设施的,由水务部门责令改正,恢复原状或者采取其他补救措施,处十万元以下罚款;造成严重后果的,处十万元以上三十万元以下罚款;造成损失的,依法承担赔偿责任;构成犯罪的,依法追究刑事责任。

第六十四条 违反本条例第三十五条第二款规定,园林绿化用水未采用节水灌溉方式或者未采取其他节水措施,造成浪费用水的,由水务部门责令限期改正;逾期不改正的,处一万元以上五万元以下罚款。

违反本条例第三十五条第三款规定,住宅小区、单位内部的景观用水使用地下水、自来水的,由水务部门责令限期改正;逾期不改正的,处一万元以上三万元以下罚款。

第六十五条 违反本条例第三十六条第一款、第二款规定,工业用水的重复利用率未达到强制性标准且未及时进行技术改造的,或者纯净水生产企业产水率不符合国家和本市有关规定的,由水务部门责令限期改正,处一万元以上十万元以下罚款。

违反本条例第三十六条第三款规定,以水为主要原料生成高纯度制剂的单位未回收利用生产后的尾水的,由水务部门责令限期改正,处一万元以上十万元以下罚款。

违反本条例第三十六条第四款规定,现

场制售饮用水的单位或者个人未安装尾水回收设施对尾水进行利用的，由水务部门责令限期改正；逾期不改正的，责令拆除，处五千元以上二万元以下罚款；未按照规定备案的，由卫生健康部门责令限期改正；逾期不改正的，处一千元以上五千元以下罚款。

第六十六条 违反本条例第三十七条第一款规定，服务业用水单位未按照规定安装、使用循环用水设施的，由水务部门责令限期改正；逾期不改正的，处一千元以上一万元以下罚款。

第六十七条 违反本条例第三十八条规定，提供洗车服务的用水户未建设、使用循环用水设施或者未按照规定使用再生水的，由水务部门责令限期改正，给予警告；逾期不改正的，处一万元以上五万元以下罚款；未按照规定向水务部门报送已建成循环用水设施的登记表或者提供再生水供水合同的，由水务部门责令限期改正，给予警告；逾期不改正的，处一千元以下罚款。

第六十八条　违反本条例第三十九条第一款规定，从园林绿化、环境卫生、消防等公共用水设施非法用水的，由水务部门责令停止违法行为，对单位处一万元以上十万元以下罚款，对个人处一千元以上一万元以下罚款。

第六十九条　违反本条例第五十二条规定，供水单位、用水户擅自停止使用或者拆除水计量设施的，由水务部门责令限期改正，对单位处五千元以上二万元以下罚款，对个人处五百元以上五千元以下罚款；破坏水计量设施准确度的，由水务部门责令限期改正，可以处二千元以下罚款。

第六章　附　　则

第七十条　本条例有关用语的含义：

（一）供水单位，是指从事城乡公共供水、自建设施供水的企业、组织。

（二）再生水，是指对通过污水管网收集的城乡一定区域范围内的污水进行净化处理，达到特定水质标准可实现循环利用的水。

（三）特殊用水行业，是指洗车业、高档洗浴业、纯净水生产、高尔夫球场、人造滑雪场等。

（四）高档洗浴场所，是指市商务部门会同有关部门制定并公布的大众便民浴池以外的洗浴场所。

第七十一条　本条例自 2023 年 3 月 1 日起施行。